警告！前方黑洞出没

武子 著/绘

人民邮电出版社

北京

图书在版编目（ＣＩＰ）数据

警告！前方黑洞出没 / 武子著、绘. -- 北京 ：人民邮电出版社，2024.5
（漫画时间简史三部曲）
ISBN 978-7-115-63455-9

Ⅰ．①警… Ⅱ．①武… Ⅲ．①黑洞－普及读物 Ⅳ.①P145.8-49

中国国家版本馆CIP数据核字（2024）第034243号

◆ 著 / 绘　武　子
责任编辑　王朝辉
责任印制　陈　犇

◆ 人民邮电出版社出版发行　北京市丰台区成寿寺路 11 号
邮编　100164　电子邮件　315@ptpress.com.cn
网址　https://www.ptpress.com.cn
北京瑞禾彩色印刷有限公司印刷

◆ 开本：880×1230　1/32
印张：7　　　　　　　2024 年 5 月第 1 版
字数：152 千字　　　2024 年 5 月北京第 1 次印刷

定价：49.80 元

读者服务热线：**(010)81055410**　印装质量热线：**(010)81055316**
反盗版热线：**(010)81055315**
广告经营许可证：京东市监广登字 20170147 号

内容提要

现代物理学有两大基础理论：一个是广义相对论，另一个是量子力学。广义相对论负责宏观世界的运动规律，量子力学掌管微观世界的物理法则。两个理论在各自的领域工作得都很不错，但始终无法结合在一起。过去的几十年里，物理学家进行了各种将它们相结合的尝试，其中"霍金辐射"是在其结合方向上的重要研究成果之一。

本书用趣味的漫画和轻松的文字，在幽默搞笑的气氛中，栩栩如生地讲述了人类科学家在微观和宏观两个方向上的研究成果。微观方面，讲述了不确定性原理的发现、电子轨道的形成、微观粒子自旋、微观粒子分类、4种相互作用力的本质等量子力学的核心知识和重要人物及事件；宏观方面，讲述了在广义相对论的指导下，人们预测并成功发现了各种神秘天体，其中关于黑洞的研究是这一领域中重要的成果之一。尽管现代物理学还没能将这两大理论实现统一，但"霍金辐射"的发现的确让这两个理论在统一之路上迈出了关键一步。

本书适合物理爱好者、天文爱好者，以及其他任何对科学感兴趣的读者阅读。假如你从未对自然科学产生过兴趣，那么这本书或许能点燃你的热情！

序

我之前出过两本书：《1小时看懂相对论（漫画版）》和《漫画平行宇宙》，这已经是武子写的第三本（其实是一套三本）书了。平均来说，每本书都要花上一年的时间进行创作，这套花的时间更久。

在这些年创作科普漫画的过程中，我逐渐感受到，读者对于"轻松幽默"的要求越来越高。或许是当今这个时代，短视频的兴起培养了大众对于"快餐文化"的兴趣，以至于人们更喜爱那些可以在碎片时间和悠闲随意的状态下收获知识的作品。为此，我努力在作品中提高幽默成分。然而，科普作品毕竟需要一定的严谨性，所以内容如何取舍是个很费神的工作。

为了提高画面的表现力，我专门学习了漫画分镜、电影分镜，并加强了日常速写练习。不谦虚地说，在近几年的工作和训练中，我绘画的功力得到了明显提升。从这套书里其实就能看到，前期画面还有些生涩，越到后面画得越熟练。如果再比较一下《1小时看懂相对论（漫画版）》时的绘画效果，这套作品在绘画方面算是提高了很多。

漫画家的工作有时候比较像一整个电影剧组，自己编剧，自己分镜，自己指挥，自己演（用画笔代替），还有美术、剪辑、道具全部都需要一个人搞定。我努力在各方面提升自己，以求提高作品质量。至于做得好不好，当然由读者评说，希望能得到大家的认可。

这套书一共三本：《咣！炸出一个宇宙》《警告！前方黑洞出没》《时间！你往哪里跑》。三本书涵盖了现代物理学中很大一部分领域的内容，希望对大家有所帮助，希望大家看得高兴，并有所收获。

武子

目　录

第 1 章　宇宙里没有哪件事儿是 100% 确定的！　　　6

= 第 1 节　速度和位置不能同时确定？你确定吗？ =　　8

= 第 2 节　电子的轨道只能在这儿？不信，我试试！ =　　30

第 2 章　在微观世界里踢足球！　　　43

= 第 1 节　比原子更小的是什么？砸开看看！ =　　45

= 第 2 节　原地转一圈，它竟然变了一张脸！ =　　68

= 第 3 节　别问什么是力，把球传过来先！ =　　86

第 3 章　警告！前方黑洞出没，小心别被吃了！　　　110

= 第 1 节　明明不发光，为什么这么亮？ =　　112

= 第 2 节　体重太大怎么办？一颗星星的成长烦恼！ =　　119

第 4 章　被黑洞吞进嘴里是什么感觉？　　　155

= 第 1 节　奇点藏在视界里，大自然也打马赛克！ =　　157

= 第 2 节　想要活命，光子只有一个办法！ =　　173

= 第 3 节　宇宙"黑魔法"，让一切都变得更混乱吧！ =　　188

= 第 4 节　黑洞上吐下泻？还是霍金辐射？ =　　202

第 1 章

宇宙里没有哪件事儿是 100% 确定的！

物理规律可以准确无误地预测未来，宇宙这一时刻的物理状态由上一时刻决定，历史的剧本早已写好，宇宙向着确定无疑的方向演化，这种观点叫作"科学决定论"。它在长达几个世纪的时间里，统治着物理学。

　　然而，不确定性原理的横空出世让"科学决定论"走下了物理学神坛。一个物体的位置和速度，在同一时刻，并不存在确定的数值，这并不是测量引起的误差，这种不确定性存在于万事万物当中。

第 1 节　速度和位置不能同时确定？你确定吗？

自 17 世纪以来，牛顿的理论大获成功，经典物理学创造了前所未有的辉煌成就。

那个时候，人们普遍认为，物理规律可以准确无误地预测未来，宇宙这一时刻的物理状态由上一时刻决定，历史的剧本早已写好，宇宙向着确定无疑的方向演化。

落地姿势是稳稳当当还是脸先着地，结果在起跳的一瞬间已经决定了，之后的每一个中间过程都是上一时刻的必然结果。

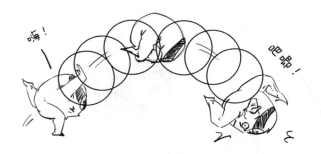

这就是统治物理学长达几个世纪之久的观点——科学决定论，这一观点在 19 世纪初到达了它历史上最光辉的时刻。

据说有一次，拿破仑在召见法国科学家拉普拉斯的时候，对他的著作《天体力学》大加赞赏之余，问了这样一句话：

当时，拉普拉斯把身为一名科学家的"高傲"发挥到了极致。他微微一笑：

那一刻，科学决定论如日中天。

物理学的成功让那些坚信科学决定论的科学家们一时有点得意忘形。而当历史的车轮辘辘到 20 世纪，量子力学的发展将这个不可一世的观点最终推下了物理学神坛。

　　1927 年，德国物理小王子维尔纳·海森伯提出了他那足以改变人类物理学面貌的史诗级发现：不确定性原理。

　　这是一个可以比肩爱因斯坦提出的等效原理的伟大成就。其光芒照亮了人类通往微观世界的大门。不夸张地说，不确定性原理代表着量子力学的灵魂，海森伯也因为这一发现，跻身世界物理名人堂 Top10 的行列。

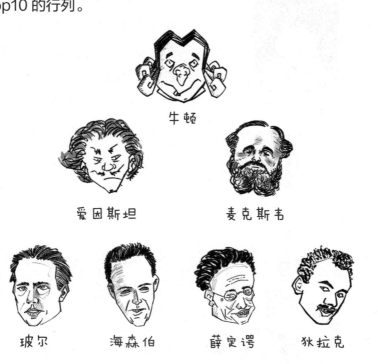

牛顿

爱因斯坦　　　　麦克斯韦

玻尔　　　海森伯　　　薛定谔　　　狄拉克

要想理解这个原理究竟说了啥，我们就得先弄清楚一件事：描述一个物体的运动，需要哪些物理量？这个问题回答起来其实非常简单，只需要知道两件事。

位置

速度

按照拉普拉斯的说法，只要有了这两个量，根据牛顿的公式，在科学决定论的观念下，任何物体任何时刻的运动状态都能 100% 被精确地计算出来，无论过去还是未来。

　　然而不确定性原理的出现，终于让天真的人类，从拉普拉斯描绘的那个美轮美奂的理想国中走了出来，第一次有机会看清这个世界的真实模样。海森伯认为：一个物体的位置和速度，这两个物理量，是不可能被同时精确测量的！

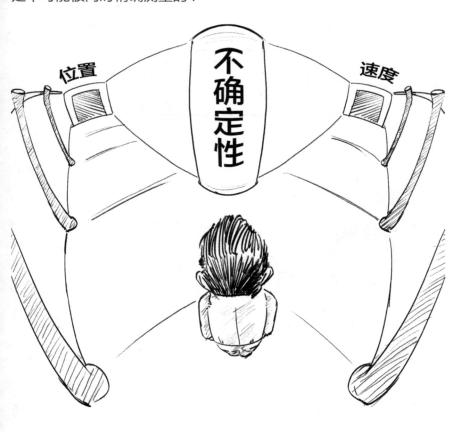

　　乍一听，你可能有点懵，位置和速度不能被同时精确测量，怎么会呢？

上中学的时候，物理课本上不是明明白白地写着，当那个让学生受尽摧残的正方体小滑块滑下斜坡，到达斜坡底端的一瞬间，它的速度不多不少，正好是 5 米 / 秒吗？

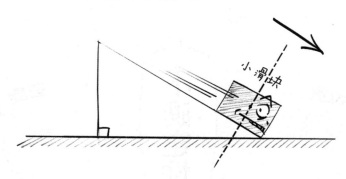

这不，位置和速度都是确定的啊，怎么会不能同时准确测量呢？对此，海森伯是这么解释的：

想想看，一个物体的位置和速度，我们是怎么知道的呢？最简单的办法就是看，对吧？

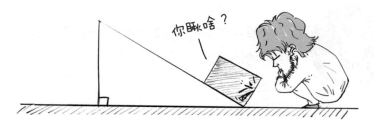

那我们是怎么看到它们的呢？是不是至少也得发射一个光子过去，对吧？

光子撞到被测物体，然后反射回来，被眼睛接收到，我们才能得到被测物体的位置信息。

显然，对于一个光子来说，小滑块是一个庞然大物，光子撞上去，就像挠痒痒一样，几乎不会对它产生什么影响。

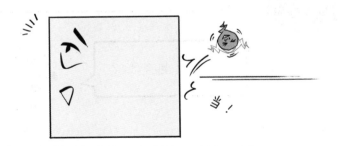

但如果被测物体是一个微观粒子呢？它的个头甚至比光子还小怎么办？这种情况下，光子撞击的影响，我们就没法视而不见了。

拿电子举例吧，当一个光子撞上电子，光子会告诉我们什么呢？

那个刚刚被我撞到了，位置就在那儿，我指给你看。

它的速度是多少？

这个……它让我一撞，速度就变了，所以，它现在往哪跑，跑多快，我也说不太清。

看到了吧，测量位置的操作，会影响被测物体的速度。

但是，有同学可能会想，刚才那个光子是个傻大力，一下把电子给撞飞了，当然会改变电子的速度。

高能光子

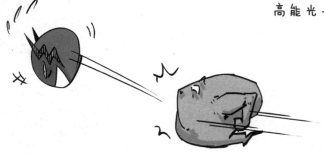

假如我们换一个怂包干这事呢？这个光子能量要多低有多低，这样一来，撞击产生的速度变化，不就可以忽略不计了吗？

低能光子

如果你也想到了这个办法，那说明同学你脑瓜转得挺快；不过很遗憾，这种办法并不能解决问题。

光子的能量当然可以减小，但这么干是有代价的——低能光子测不准电子的位置。

在这件事上，光子就像一把尺子，尺子的刻度越精细，测出来的位置就越精确；尺子刻度越粗糙，测出来的位置就越模糊。

打个比方：高能光子比较亢奋，振动频率高，这就对应着，它背后的这把尺子刻度精细。

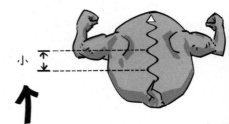

刻度精细，测出来的结果自然就准确，所以对于位置的测量可以精确到一个很小的区间范围。

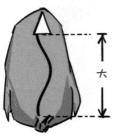

低能光子怂包一个，振动频率低，那么，它对应的就是刻度粗糙的尺子。

刻度粗糙，测出来的位置就是模模糊糊的一个数值，所以对于位置的测量不能精确，只能定位在一个很宽泛的区间里。

　　你瞅瞅，用低能光子替换高能光子去测量，其结果就是：电子的速度越测越准，但位置越测越不准。

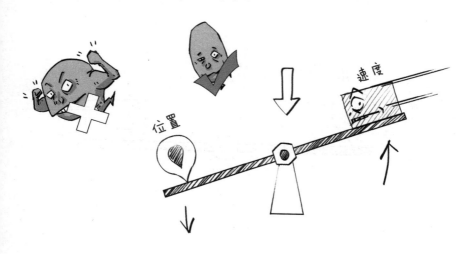

　　反过来也一样，如果用高能光子替换低能光子测量，就会位置越测越准，而速度越测越不准。

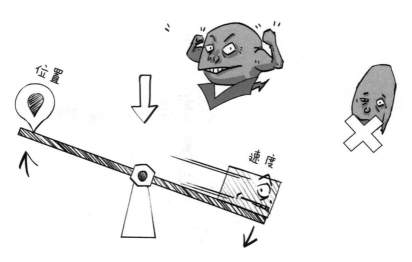

　　也就是说，速度和位置，这两个信息咱只能留一个，丢一个。

要是俩都舍不得，那就只能测出一个位置和速度都不是太准确的，也都不是太离谱的数值，差不多就得了。

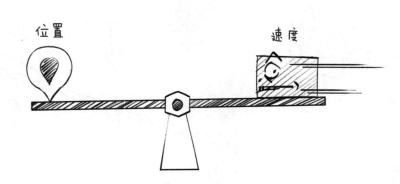

捋饬清楚了这件事，我们现在就可以直截了当地说这样的话了：无论你从什么时刻、什么地点测量，宇宙中任何物体的物理状态都无法 100% 确定。

既然宇宙这一时刻的物理状态是不确定的，那我们又凭什么能100%地预测宇宙下一时刻的物理状态呢？

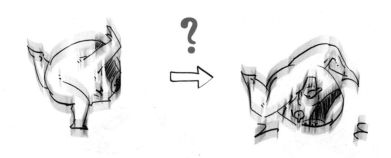

不确定性原理，让科学决定论——这个矜持了几百年之久的美梦，最终灰飞烟灭。

需要说明一下，上面关于不确定性原理的描述，是对海森伯早期论文观点的大致概括，这样的表述容易引起一种错误理解，那就是——不确定性是由于人类测量手段的局限性导致的结果，因此，这个原理最早被翻译成"测不准原理"。但随着物理学的发展，科学家逐渐认识到，事实上不确定性存在于万事万物间，与测量本身没有关系。

不知不觉中，经典物理的黄金岁月已经悄然远去，量子物理的崭新时代正向人类走来，20 世纪 20 年代，以海森伯、狄拉克、薛定谔为代表的物理学家以不确定性原理为根基，对力学进行了全新表述。于是，现代物理的重要分支——量子力学，诞生了！

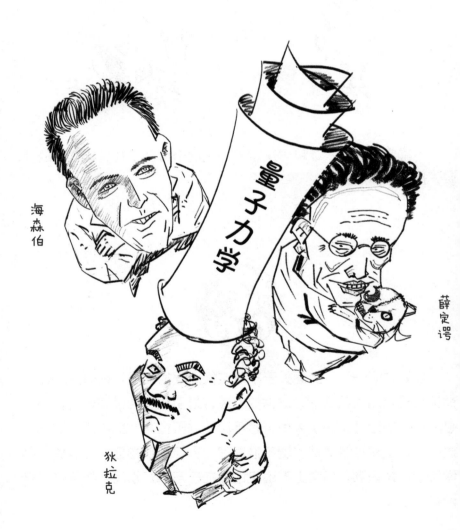

海森伯

量子力学

薛定谔

狄拉克

　　在这里，粒子不再拥有确定的位置和速度，取而代之的是这两者的结合物，我们叫它——量子态。

　　从此刻开始，物理学家不再承诺他们会对任何物理过程做出明确的结果预测；

　　退而求其次，物理学家可以预言的是，某一个物理过程可能出现的各种结果的概率分布。

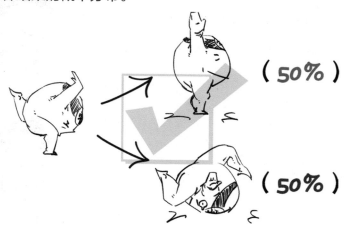

打个比方，假如我们扔个硬币，然后请物理学家预测一下，这个硬币落地以后，最终是正面朝上还是反面朝上。

说！

这事若在以前，他们会非常热衷于给出一个明确的答案。

正面！

　　但现在，物理学家一个个都变得狡猾起来，他们的回答不再是正面或者反面，而是告诉你，你扔吧，扔 100 次，大概其：

　　至于下一次究竟会出现哪种结果，物理学家通常会露出一副神神秘秘的表情，然后告诉你：

　　这也就是说，量子力学仅仅保留了一部分预言能力，同时它允许随机性登陆物理学的这片领地。

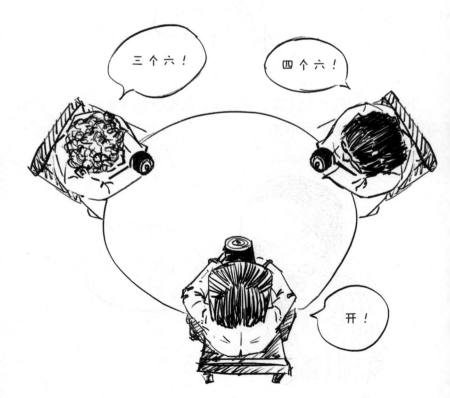

在量子物理发展的初期，允许随机性进入物理学的做法，对于很多物理学家来说，简直就是大逆不道的表现。物理学存在的意义不就是为了让人们能够准确无误地预测一切物理现象的结果吗？现在居然有人说，物理学无法做到这一点，只能预测概率分布，这分明就是对这门学科的一种践踏和侮辱！爱因斯坦就是反对最强烈的那个。

纵使 1905 年，爱因斯坦的光量子假设对于光电效应的成功解释，让他被全世界公认为量子力学最重要的奠基人之一。但是，针对这一新兴物理学领域所提倡的随机性观点，无法抛弃科学决定论的爱因斯坦，最终却走到了量子力学的对立阵营。

并留下了那句为后世广为流传的经典名言：

上帝不掷骰子！

但我们要知道，人类的认识总是在荆棘与坎坷中逐步完善的，新时代的浪潮不会因为某一个人的反对而停滞不前。20 世纪，新兴的量子力学在全世界各个国家被人们纷纷研究起来，无数的实验结果与理论预测相一致到令人难以置信的地步。事实摆在世人眼前，量子力学获得了不容置疑的成功！

然而，曾经那个少年成名的英雄人物，那个发现了相对论并影响了全人类的伟大科学家，那个藐视一切权威的爱因斯坦，此时却不能跟紧时代步伐，在这新一轮科学发展的滚滚浪潮面前，他表现得畏首畏尾，停滞不前。

量子力学

这不禁让无数曾经追随他的粉丝发出源自心底的感慨：

英雄老矣！

第 2 节　电子的轨道只能在这儿？
不信，我试试！

作为量子力学的奠基人，爱因斯坦用光量子假设为人类解释了光电效应的秘密，由此证明光是一种粒子。

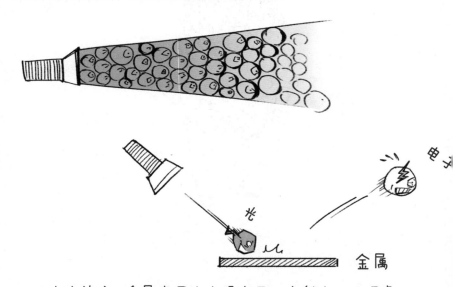

（光电效应：金属表面在光照作用下发射电子的现象。）

而传统的麦克斯韦电磁学理论则认为，光是一种波动。

那么，光究竟是粒子还是波呢？这是困扰物理学家多年的问题。新兴的量子力学为此发展出了一种描述微观世界的全新物理语言——波粒二象性。它的意思是说，宇宙中每一种微观粒子，既是粒子，又是波。

既可以是一个粒子！

又可以是一缕波！

有一个经典实验可以充分描述这种神奇的现象：电子双缝干涉实验。

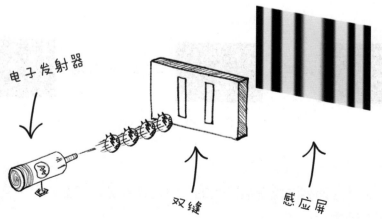

电子发射器

双缝

感应屏

在这里，粒子不再拥有确定的位置和速度，取而代之的是这两者的结合物，我们叫它——量子态。

电子发射器向感应屏发射电子，每次只发射一个，此时，感应屏上就会出现一个亮点，这就体现了电子的粒子性。

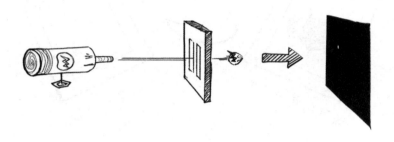

而当大量电子逐个不断地发射过去，感应屏上的亮点变得越来越多，最终形成了这样一种明暗相间的图案，它叫干涉条纹。

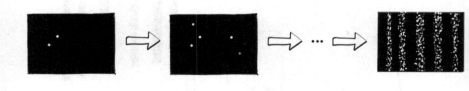

干涉是两列波相遇后产生的一种物理现象，因此，电子又体现出了波动性。

电子双缝干涉实验显示：一个电子，既是一个粒子，又是一缕波，这就叫波粒二象性。

一旦建立起这种物理语言，人们就能进一步解释微观世界的各种物理现象。比如说原子内部结构究竟长成啥样？

上中学的时候我们就知道，世间万物皆由原子组成；

而原子由原子核和核外电子组成。

20 世纪初，卢瑟福提出著名的原子结构的行星模型，他认为，就像地球围着太阳打转转一样，电子也围绕原子核没完没了地转圈圈。

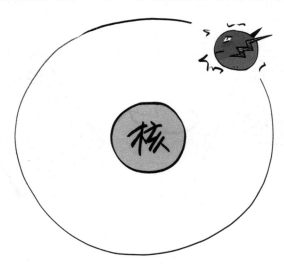

然而，这种结构虽然听上去貌似合理，但尴尬的是，我们用电学和力学的物理公式一计算就会发现，打转转的电子会在不到 1 秒的时间里，沿着一个螺旋轨道，迅速地坠落到原子核上去。

那个时候，人们普遍认为，原子结构的行星模型是不可能稳定存在的。

1913 年，丹麦物理学家尼尔斯·玻尔，从量子力学出发，找到了化解这种尴尬的办法。

尼尔斯·玻尔

玻尔认为，电子绕着原子核打转转没错，但电子是不会螺旋坠落的，理由是电子其实只能在固定的轨道上运动。

电子只会出现在
这些轨道上

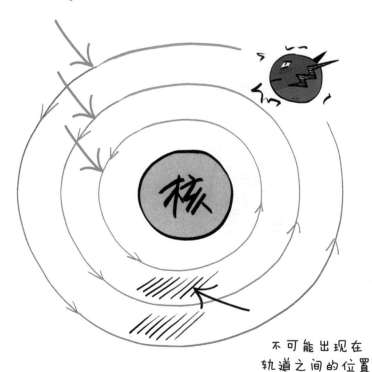

不可能出现在
轨道之间的位置

这就跟上台阶一样：

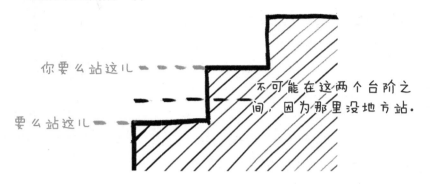

你要么站这儿 -----

要么站这儿 -----

不可能在这两个台阶之间，因为那里没地方站。

　　这个模型在刚刚被提出来的时候，并不被人看好，但是，随后人们在用玻尔模型描述氢原子结构时，与之相关的物理实验，陆续在全世界各个实验室做出，实验结果与理论预测相符得相当完美，这甚至让玻尔本人都有点反应不过来。

幸福来得太突然！

　　然而今天，我们知道，玻尔的原子模型只是一个从经典物理走向量子物理的过渡理论，它只适用于描述结构较为简单的氢原子而已，对于其他更加复杂的原子结构，玻尔理论其实是无能为力的。但是，人们还是会承认这个模型的伟大，因为它具有划时代的意义，他让人们看到了量子物理的强大威力。

　　不得不说，玻尔是个天才，他的物理直觉实在敏锐得不像话，这让他提前猜到并剧透了部分结局。但是关于电子为何只能存在于固定的轨道之上，玻尔只能算知其然而不知其所以然。而科学界在此之后的研究，最终为世人揭开了电子固定轨道背后的秘密，原来，一切都是波粒二象性惹的祸。

　　按照波粒二象性的说法，电子既是粒子又是波。那好吧，我们现在把电子看成一缕波，这个波围着原子核打转，就是这样对吧。

这里有个事咱得先提一下。两列波相遇，它们之间是可以做加法运算的。

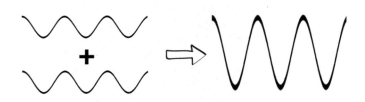

如果两列波以这样一种方式邂逅，节奏一致，那么波波相加就会增强；

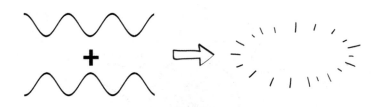

如果这样相遇呢，它们就会相互抵消，消失得无影无踪。

这就像是：

假如一个人从左边拽你，你就往左跑偏；

如果另一个人也从左拽你，那你往左跑偏得就更厉害，这就相当于波波相加。

假如他们一左一右地向两边拽你，力量相当，你就会原地不动。这相当于波波抵消，好理解，对吧？

接下来请注意了，当一列波围着原子核兜了一圈，回到原点的时候，能否头尾相接是一个极为关键的问题。

比如这里有一列波，长这样，它绕原子核转圈。

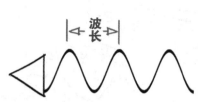

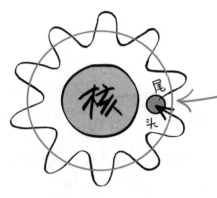

这个波，如果出现在这个黄圈位置，一圈以后可以头尾相接。头尾相接的情况下，再往下走，兜第二圈的时候，就是波波相加，因此这里可以形成轨道。

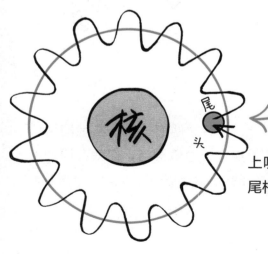

如果出现在这个更大的黄圈上呢？同理，一圈以后也可以头尾相接，形成轨道。

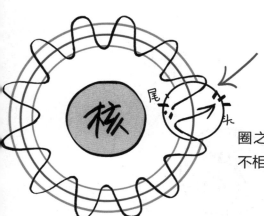

但是，如果出现在两个黄圈之间的位置，一圈以后头尾不相接。

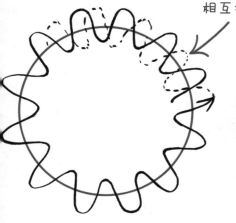

相互抵消

再往下走就会相互抵消，相互抵消后，波就消失了，因此这里形不成轨道。

所以你看，只有那些可以满足头尾相接的圈圈上，电子才能形成轨道，这就是原子核内电子轨道固定的秘密！

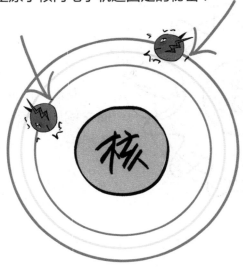

搞定电子轨道问题，只是威力强大的量子力学初露锋芒而已。然而，其成功的意义却是显而易见的。对于人类而言，通往宇宙微观世界的大门，已经打开了……

第 2 章

在微观世界里踢足球！

几千年前，亚里士多德将宇宙的组成划分成两种东西，"物质"和"力"。今天，我们仍然在沿用这种方式描述宇宙。目前发现的组成"物质"的最小单位是"费米子"，传递"力"的最小单位是"波色子"。

　　现代物理学中，力分4种，分别是"强力""弱力""电磁力""引力"，强力、弱力、电磁力这3种力在微观层面起作用，而引力我们只能在宏观世界观察到。物理学家普遍相信，将来某一天，这4种力可以被统一在一起，用一个理论来描述。为了实现这个目标，我们需要找到一个可以同时描述微观世界和宏观世界的理论，即"量子引力"理论。

＝第 1 节　比原子更小的是什么？砸开看看！＝

2000 多年前，亚里士多德认为，宇宙里有 4 种物质：

土　　　　　　　　气

火　　　　　　　　水

还有两种力：

今天，每个中学生都知道，土气火水、引力浮力的说法显然是不对的，然而，这种把宇宙划分成"物质"和"力"的操作，人类至今却仍在沿用。

除此之外，"大胡子"亚里士多德还说：物质是连续的。意思就是只要我们不嫌累，宇宙里的任何东西，都可以被无限分割下去。

与亚里士多德同时代的另一位"大咖"德谟克利特不同意这个说法。

物质的组成有最小单位！

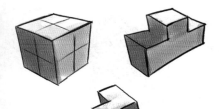

这就像俄罗斯方块一样，虽然彼此造型不同，却是由相同的基本单位组合而成的，他将它称为：

啵！

"原子!"

希腊语中，"原子"的意思就是不可再分的粒子。

就在这件事上，两拨儿人互撕了好几个世纪，而任何一方都拿不出啥像样的证据干翻对手。

直到 1803 年，近代化学之父——道尔顿发现，化合物原来是由不同元素的原子按一定比例组合而成的这一事实：

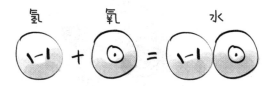

道尔顿那个时候的理解：1 个氢原子 +1 个氧原子 =1 个水分子。尽管这一理解与现在的理解不同，但自此之后，主张世间万物存在基本单位的原子论占了上风。

1905 年，爱因斯坦发表了关于布朗运动的论文。论文里他证明了一件事：

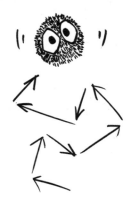

就是你看到那些悬浮在液体中的灰尘没有，它们不停地跟那儿东奔西跑，上蹿下跳，它们那不是淘气；

其实它们这是让水分子给撞来撞去的结果。

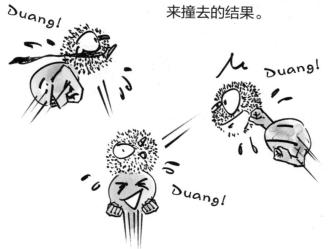

这个结论，终于让那个延续多年的物质组成问题画上了句号；结果显而易见，原子论最终胜利。

其实呢，早在几年前，原子论的胜利就已经呼之欲出了，剑桥大学有个研究员叫汤姆孙，他拿一个类似于电视显像管的装置做实验，居然看到了阴极射线在磁场中发生了偏转。

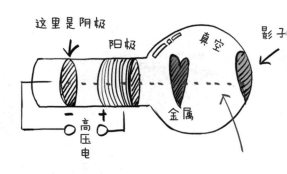

通电之后，玻璃瓶上出现了影子，说明从阴极射出来了某种东西，于是人们叫它阴极射线。

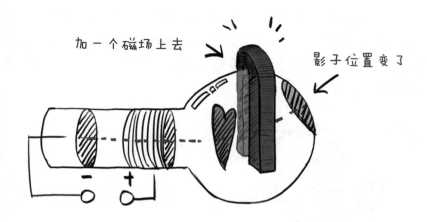

加一个磁场上去

影子位置变了

如果阴极射线的本质是电磁波，有没有磁场对它应该没有影响，而现在影子位置发生了变化，也就是说，阴极射线在磁场中发生了偏转，所以，阴极射线只能是带电粒子。于是就这样，电子被发现了。

汤姆孙并不是第一个这么干的人，但是前人这么干的时候，玻璃瓶没抽真空，因此影响了实验结果。

汤姆孙是第一个测量出这种带电粒子质量和电荷之比的男人，他发现，任何材料发射出来的这种带电粒子，其质量和电荷之比都相同，那么这种带电粒子——电子，就是普遍存在的。

时间来到 1911 年，大名鼎鼎的英国物理学家卢瑟福——对，就是那个传说中的诺贝尔幼儿园园长，那个培养了 N 多个诺贝尔奖得主的物理幼教，做实验发现，貌似原子也不是不能再分了，原子里边好像还有结构……

卢瑟福的实验是这么干的：

他拿 α 粒子去撞金原子，

结果呢，大部分 α 粒子都穿了过去；

有一小部分 α 粒子拐弯了。

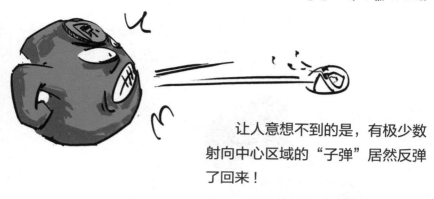

让人意想不到的是，有极少数射向中心区域的"子弹"居然反弹了回来！

卢瑟福一琢磨，甭问了，原子中心肯定有个核，还贼硬！

20世纪20年代，卢瑟福又在实验中发现，原子中存在带正电的质子；"质子"的英文"proton"最早是从希腊语演变而来的，貌似是"第一"的意思。

不过在中国，它还有另外一层含义，它还叫——智子。没错，"三体世界"驻地球大使，一个日本妞造型的机器人，会沏茶，还会砍人。

《茶道谈话》

宇宙安全声明——孤独的行为艺术

生存本来就是一种幸运，过去的地球上是如此，现在这个冷酷的宇宙中也到处如此。但不知从什么时候起，人类有了一种幻觉，认为生存成了唾手可得的东西，这就是你们失败的根本原因。

——引自《三体3》

《移民》

一个说看见了电子，一个说原子里有核，汤姆孙和卢瑟福俩人这么一嚷嚷，科学家开始一顿猜测，人们说来说去的原子，可能是由两种东西组成的吧——电子和质子。

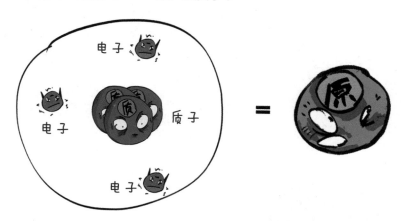

质子带正电，电子带负电，俩货一组合，一正一负正好抵消，于是原子不带电，原子由质子和电子组成，这事搁谁听了，都觉得合情合理。

但是，电中性问题虽然没毛病，可质量是硬伤啊，科学家计算发现，电子质量＋质子质量，总是小于原子质量。

于是人们纷纷猜测，那会不会是，这里头还隐藏着一种不带电的粒子呢？1932年，卢瑟福的学生詹姆斯·查德威克用 α 粒子轰击金属铍，于是，原子里面的第三者——不带电的中子被找到了。

詹姆斯·查德威克

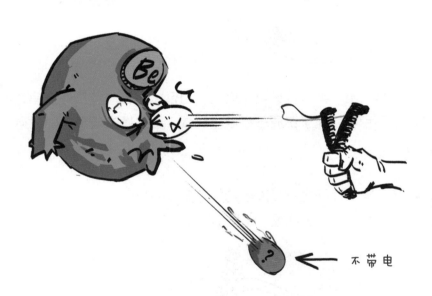

不带电

跟前面汤姆孙的故事有点像，查德威克也不是第一个这么干的人，第一个这么干的人叫波特，随后又被大名鼎鼎的居里夫妇重复操作，只不过，波特和居里都误以为，被撞出来的那个不带电的粒子，它是光子，之后就没再理这茬儿。

查德威克是中性控，痴迷不带电粒子好多年，他觉得刚刚这个实验不够过瘾，于是用这个"？"粒子继续去撞石蜡，谁知道居然从石蜡里飞出了质子……

你要知道，光子没有静质量，撞破头它也没可能撞出质子的，于是，中子就这么被发现了。

在此之后，人们以为，质子和中子应该已经小到头了，不可能再往下分了。谁曾想，在量子物理蓬勃发展的年代，人类制造出了可以砸开原子核的巨型"大锤"——对撞机。

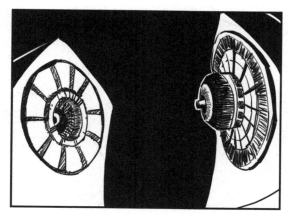

有了这个大玩具，科学家有的玩了，天天上演大锤砸核桃，不停地让粒子硬碰硬。种种实验结果表明，质子和中子依然不是这个世界最小的存在……

1964 年，美国加州理工学院的默里·盖尔曼提出了现在被科学家普遍接受的夸克模型。

默里·盖尔曼

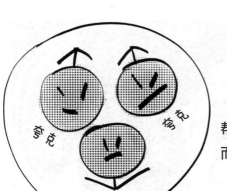

原来，质子和中子都是由一帮叫作夸克的更小的小不点组合而成的。

夸克的分类贼乱，一听就让人头晕。

首先，夸克有6种"味"，分别叫：

上　　下　　顶　　底　　奇　　粲

像不像传说中的：

治肾亏，不含糖

三二一上架

六味地黄丸

哎呀！

一边去!!!

63

说正事说正事……

在夸克模型中：

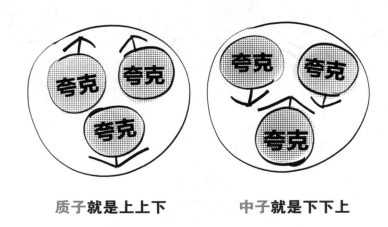

质子就是上上下　　　**中子**就是下下上

除了"六味"以外，夸克还分"三色"，分别是：

红

绿

蓝

不过，就像"六味"其实跟味道没半毛钱关系一样，"三色"也只是一种用来分类的名称而已，事实上，夸克根本不具备肉眼可见的颜色。这么说吧，假如不叫红绿蓝，改叫屎尿屁，其实也没啥影响。

说那么脏……

不客气！

不仅如此，每种夸克还都存在自身的反粒子：

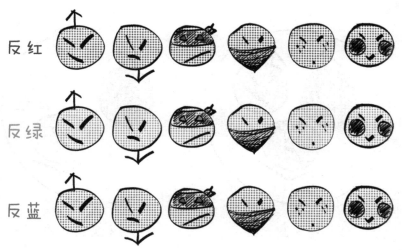

反红

反绿

反蓝

所以你看哈，夸克一共 36 种，乱吧？

之所以要将夸克分"三色"，其实是一种为了类比色彩属性的人为操作。画画的人都知道红 + 绿 + 蓝 = 白。

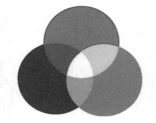

夸克只能存在于"白色"的组合当中；这也是为什么像质子和中子这样的重子由 3 个夸克组成，而介子由一个夸克和一个反夸克组成。

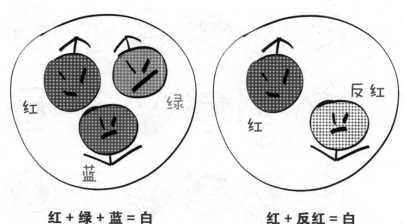

红 + 绿 + 蓝 = 白   红 + 反红 = 白

那好，盖尔曼说了质子和中子都是由更小的夸克组成的，那么，好奇的同学自然要问：

夸克就是组成世界的最小单位吗？

这事吧，目前还不好说……

因为人类手上的这把"锤子"——对撞机，其实还不够大不够猛，如果换一把更大更猛的过来，谁知道能不能砸得更稀碎呢？

＝第 2 节　原地转一圈，它竟然变了一张脸！＝

很多人都听说过，微观粒子有一种天生的属性叫"自旋"，它跟我们平时说的旋转并不是一码事，它属于微观粒子的内禀属性。

　不过一般聊到这个话题，甭管是哪路科普大仙，都没法用日常语言把"自旋"给解释得让人能听懂喽，所以武子在这儿也就不费那个劲了。

你只要理解，粒子自旋的方向只有两种——顺时针和逆时针。

但是旋转轴并不是固定的，这取决于你的观测角度。

粒子自旋这事特逗，如果一个粒子自旋 =0，那它其实就是不转的意思，它就像一个点，怎么看都是一个德行。

如果自旋 =1，就是说粒子转过一整圈 360 度以后，我们才能看到它旋转之前的那张脸。

这就有点像扑克牌，手里拿张大王，转过 360 度，才能跟转之前图案一样。

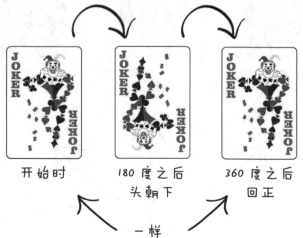

假如自旋 =2，那么，转一整圈 360 度，你能看到同一张脸两次。

就像是扑克牌里的 Q

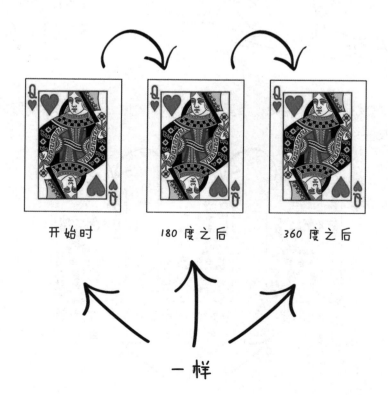

| 开始时 | 180 度之后 | 360 度之后 |

一样

不过，有那么一种粒子，行为巨诡异，它们的自旋数在数值上居然 =1/2，这是啥意思呢？通俗的理解就是，粒子转过两圈 720 度以后，我们才能再次看到它旋转之前的样子。

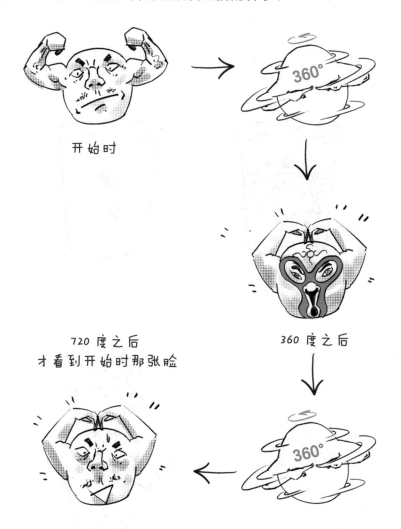

开始时

360 度之后

720 度之后
才看到开始时那张脸

换句话说，粒子转过一圈的时候，我们看到的竟然不是它开始时的那张脸，你说这究竟是啥情况！

这里其实有一个经典的比喻，可以说明啥叫转两圈才能转回来，您听听！

话说这有一杯咖啡。

正面长这样

背面这样

好，现在这杯咖啡放我手上，
正面朝前。

现在我来问，如果我不用手去旋转杯子，也不原地打转转，那我如何让杯子旋转一圈，咖啡还不能洒？

你想想？
我是不是得这么干：

90度

往里转小臂！

180度

继续转小臂，
直到指尖朝向自己！

360度

再转小臂，
让手从胳肢窝下面经过，
然后胳膊伸直，拧成麻花状！

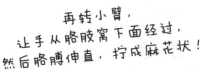

好，现在转了一圈，咖啡杯确实回到正面朝前了，可我的姿势跟开始时不一样了对吧，我拧着呢，这姿势挺难拿的，累啊！这就相当于粒子自旋一周时的情况。

现在还是刚才的要求，手不动，我也不能原地旋转，继续让咖啡杯再转一圈，怎么做到？注意，不能往回转！

那是不是我得这样——

450 度

630 度

这会儿胳膊始终伸直，拧着然后转腰……

720 度

完事！

于是，在咖啡杯转过两圈之后，我跟咖啡杯这个整体，回到了转杯子之前的状态。

好，现在你听懂什么叫 1/2 自旋了吗？这个玩法你可能在养生节目里看到过，据说能够治疗颈椎病和腰椎病；同学们自己没事跟家试试，当然杯子里最好别倒开水，别问我是怎么知道的……

于是，按照自旋的不同，科学家把微观粒子进行了分类，那些行为诡异的、自旋半整数的粒子，把它们搓成一堆儿，我们叫它们——费米子。

这些就是构成宇宙中物质的基本材料。

另外那些自旋 0、1、2 的，甭管是几，只要是整数，都叫——
玻色子。

光子　　W 玻色子　　Z 玻色子　　胶子

传说中的
引力子

它们负责在物质之间传递相互作用，也就是力；
有了它们，费米子之间才能产生联系。

回忆一下，开头咱怎么说的来着？亚里士多德把宇宙划分成"物质"和"力"，我们现在依然这么干，费米子跟玻色子不就是这么划分的吗？

话说，有一位来自奥地利的物理学家叫沃尔夫冈·泡利，这人脑子快，就智商来说，他可能是这个世界上排名靠前的几个之一。

沃尔夫冈·泡利

不过这个人毛病也是有目共睹的：性格怪僻，脾气暴躁，从来不好好说话，见谁怼谁，闲着没事总挑别人毛病，关键还一挑一个准。

往好听了说呢，这叫上帝之鞭，替上帝老爷子给其他物理学家判作业。

同学，从今天起你就是班长了。

哎呀！

拿回去改！

臭屁！

1925 年，"怒神"泡利发现了那个让他名留青史的物理法则
——泡利不高兴不相容原理。

这个原理是说，
在一个费米子组成的系统里，
任何两个粒子都不能处在相同的状态上。

这句话怎么理解呢？我们拿电子举例简单解释一下。

在一个原子里面，电子围着原子核满处乱窜。这些电子，你拿出任何两个来比较，它们的物理状态都不可能完全一样。

要么位置不一样；

要么速度不一样；

速度位置都一样，
自旋的方向就得不一样；
总之必须得有点区别！

这样就保证了，在一个确定的原子轨道上，最多容纳两个自旋方向相反的电子。

费米子不会在同一时刻出现在同一地点，因此物质粒子就无法聚集在一起，物体也因此才会拥有体积。

不夸张地说，泡利不相容原理保证了我们这个宇宙得以存在。

1928 年，伟大的保罗·狄拉克写下了伟大的狄拉克方程。于是，费米子那诡异的 1/2 自旋，终于在数学上得到了解释。

并且，方程的计算还预言了，在这个世界上，电子其实并不孤单，它应该还有个神秘的双胞胎兄弟一直没出镜。

电子　　　　　　　　　　　正电子

正电子就是电子的反物质。

这兄弟长相跟电子一模一样，只是电荷正好相反，电子带负电，这兄弟带正电。

在狄拉克做出宇宙间存在正电子的预言后仅仅 4 年，美国物理学家安德森就在对宇宙线的研究中，第一次看到了正电子。

这就是发现正电子的画面
两个轨迹一个是电子留下的
另一个跟电子轨迹太像了
只是反方向打转转

于是安德森果断得出结论
这正是狄拉克预言的正电子

于是狄拉克也就顺理成章地收获了 1933 年的诺贝尔物理学奖。

　　说起来，狄大神也是一朵奇葩，这哥们儿得知自己获诺贝尔奖的时候，第一反应居然是不想去领。他老师，就是卢瑟福挺纳闷。

你小子，
中了彩票不兑奖啥意思？
脑袋瓜子让驴给踢了？

那个……我不喜欢出名！

＝第 3 节　别问什么是力，把球传过来先！＝

现在我们都知道，不光是电子，任何粒子都存在其反物质。正反物质一亲密接触，瞬间就会啪一下发生湮灭，从此消失得无影无踪，同时射出一道闪光，作为这对儿双胞胎在这个世界上的最后留念，飞向远方。

　　既然宇宙由"物质"和"力"组成，而"物质"是费米子搞的鬼，那"力"当然就是玻色子惹的祸。

　　量子力学认为，所谓"力"，其实是两个费米子之间，在那来回来去传"球"的结果。

　　传递过程中，A、B两个费米子被对方砸得越来越远，宏观上就表现为斥力。

要是两组人传球，B、C 两个费米子之间被砸得越靠越近，宏观上就是引力。

费米子之间传递的这些"球"，就是玻色子。

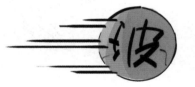

玻色子个性强，不在乎泡利高不高兴，拒绝服从泡利不相容原理；于是，玻色子可以同时同地处在相同的状态干同样的事。

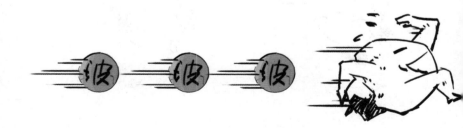

因此，现实中，"力"才有可能非常非常大。

　　不过这里还有个麻烦，负责传递"力"的那些玻色子球球，如果质量大，费米子举不动它们，就只能在近距离互相传传罢了，

　　因为离远了太沉，费米子扔不过去啊！

　　而如果物体之间传来传去的那个球球压根就没质量，那这事好办了，甭管两人站多远，传球依然轻轻松松。

扔老远！

　　宏观上，前者产生的力叫短程力，后者产生的叫长程力。

短程力只能在极小的范围内起作用，就好比说质子内夸克之间的"胡搅蛮缠"。

而长程力则可以释放到天涯海角，比如太阳与地球跨越了1.5亿千米的距离，却由于引力的存在依然恋恋不舍地联系着。

在传递的过程中，被传来传去的玻色子球球，如果能在实验中被实实在在地检测到，我们就叫它们"实粒子"。

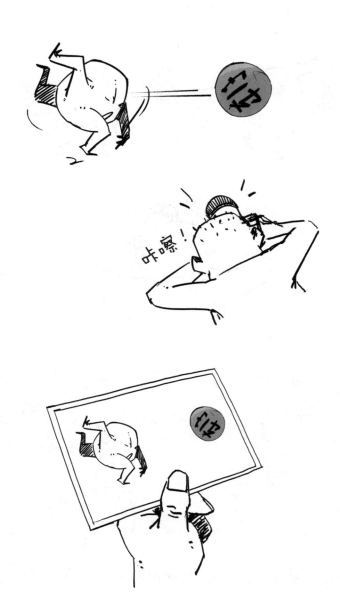

而有些过程里，人们并不能直接检测到这些玻色子的存在，但是按照理论预测，如果过程中确实有玻色子参与，那么实验结果应该表现出如何如何，而我们的的确确看到了这样的结果。

于是我们就说，这个过程中，被传来传去的玻色子叫"虚粒子"。

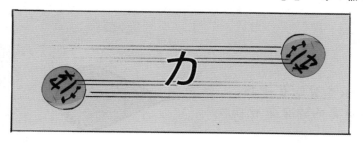

那好，现在明确了，玻色子的传递就会产生"力"，那接下来的问题是"力"总共有几种呢？就目前看来，人类已知自然界中存在的力一共有 4 种，它们分别是引力、电磁力、强力和弱力。如果按力的大小排列就是下面这样。

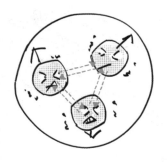

就是把夸克使劲搞在一起，组成质子和中子的幕后推手。

说个事你可能瞬间就有感觉了，还记得小说《三体》里的水滴吗？

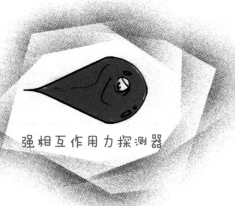

水滴其实是昵称，
人家本名叫啥来着记得不？

强相互作用力探测器

现在知道人家为啥那么牛，逮谁撞谁了吧？因为水滴是用强力材料做的，而人类战舰是由电磁力材料制成的，既然强力＞电磁力，那还客气什么啊，撞你没商量呗！

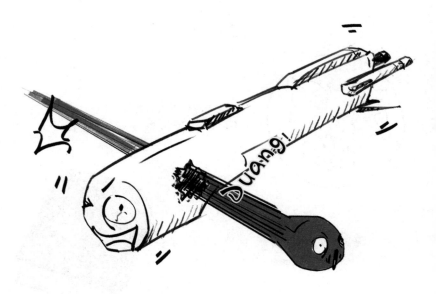

理论上，强力是夸克之间传递一种叫作胶子的球球时产生的。

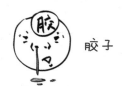

胶子

强力

$m=0$

这里需要特别解释一点：
胶子没有质量，按说扔起来很轻松才对，

可事实上强力却是短程力，
无法传到远方。
那这事听上去就矛盾了对吧？

强力只存在于
微观粒子内部。

其实这里是有别的原因的，夸克间存在着一种被叫作"渐进自由"的奇葩特性。

这个特性是说，两个夸克它们就像一对儿情侣一样，相恋多年后审美疲劳，天天在一块互相看着闹心，谁都懒得搭理谁。

分手吧又舍不得，一旦不在身边就牵肠挂肚，日思夜想，整宿无法入睡。

也就是说，夸克之间距离越远就越发"思念"，因此无法远离彼此；所以胶子虽轻，但强力却只在短距离传递；说白了，夸克就是"贱"嘛！

弱力

导致原子核衰变的罪魁祸首。啥是衰变呢？简单点说，其实就像是原子核冷不丁打了个喷嚏，吐了点什么东西出去，然后自己也就不是自己了。

弱力就是打喷嚏的动力来源。

负责传递弱力的球球有3个：

W⁺玻色子　　W⁻玻色子　　Z玻色子

弱力

它们的质量很大，扔起来很费劲，所以弱力也是短程力，只在原子核内部好使，再远就没戏了。

电磁力

生活中最常见的力，我们平时能接触到的力几乎都是它，最直接的例子就是磁铁。

携带电磁力上蹿下跳的"淘气包"，就是被大家所熟知的光子了。

光子

电磁力

地球人都知道光子是没有静质量的，可以被撇到很远的地方，所以电磁力是长程力。

Biu!

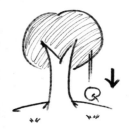

世间万物都存在的一种力，有物质和能量的地方，就有它在。

据传说，负责传递引力的那个神秘存在，叫引力子。目前引力子还是一种假想中的粒子，因为人类还没有在任何实验中看到过它。

传说中的
引力子

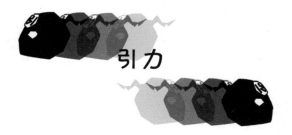

引力子质量为0，因此引力也是长程力。

老实说呢，物理学家普遍认为，宇宙间存在这 4 种力，这事实在有点啰唆。上帝他老人家创造了这么多花里胡哨的相互作用（即基本力），难道不嫌麻烦吗？

大自然的运行规律，应当简洁优美才是，或许这 4 种作用力的区别只是一种表面现象呢？

20 世纪，随着量子力学的不断发展，人们逐渐发现，"强弱电引"这 4 种"力"，还真保不齐就是一码事。

　　1967 年，英国伦敦帝国理工学院的萨拉姆与温伯格提出了电弱统一理论。他们证明了，弱力和电磁力在宇宙早期，其实本来就是同一种东西，后来随着宇宙演化才逐渐变成了看上去截然不同的两个类型。

简单点解释这事就是这样，你看哈：

刚才咱不是说了吗，
电磁力是光子被传来传去弄出来的：

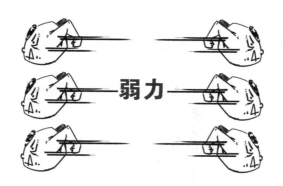

而弱力是 w⁺、w⁻、Z 这 3 种玻色子上蹿下跳的结果；

电弱统一理论的意思是说，
光子、W⁺玻色子、W⁻玻色子、Z玻色子这4种粒子，

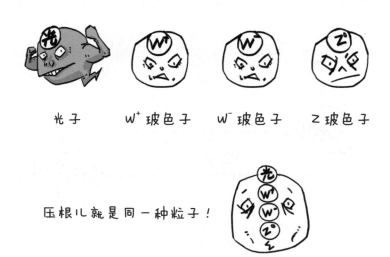

光子　　　W⁺玻色子　　W⁻玻色子　　Z玻色子

压根儿就是同一种粒子！

早期宇宙是高温又高压，所以那个时候宇宙里粒子的能量都高。随着宇宙膨胀，温度和压力下降，粒子的能量也降低了，高能粒子变成低能以后，就表现出了不同的形态。

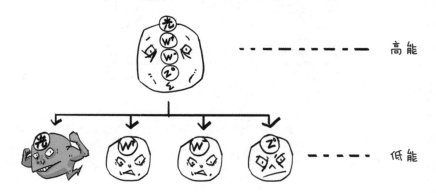

高能

低能

知识这么聊有点枯燥，不形象，不如我们打个比方吧。这事说起来，其实特像赌博游戏——轮盘上那个球。

轮盘转的时候，球在盘子上不停地滚，此时我们看过去，它就是一个一直跟那儿不停轱辘的球，对吧？这就对应着早期宇宙的高能粒子。

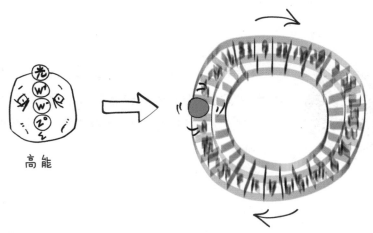

当轮盘转得越来越慢，球的能量随之下降，它最终会结束滚动停留在某一个数字格子里面。

如果我们这么玩上 4 次，结果很可能是同一个球每次停在标有不同数字的格子里。

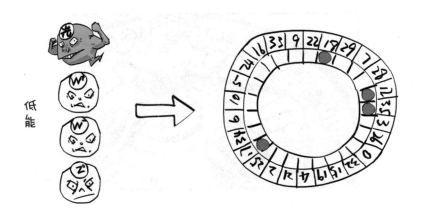

低能

这个过程就对应着，随着宇宙膨胀，粒子的能量下降，于是同一种粒子停留在了不同的状态上，形成了光子、W⁺ 玻色子、W⁻ 玻色子、Z 玻色子这 4 种玻色子。

这里有一个物理学上非常专业的词儿叫"对称性自发破缺"，看到这里的同学我建议你记住它，吃饭喝酒的时候说出来贼能装，能瞬间把天儿聊死！

"对称"这两字，通俗不严谨的说法叫"一致性"，意思就是说呢，原来看上去一样的东西，突然有一天，它自己嘎嘣一下，变成了几种怎么看都像是不一样的东西了。于是"对称性"就这么自己"破"了，你说缺不缺！

有了电弱统一的成功，人们又试图让强力也加入统一的队伍里，于是不久后，一种统一了"强弱电"这3种力的理论被提出，它被叫作大统一理论。

老实说呢，这个名起得有点冒失，装得有点过头了。大统一大统一，统一了半天不也才3种吗？引力始终高冷，不稀罕与之为伍。既然引力不理你，咋好意思叫大统一呢？

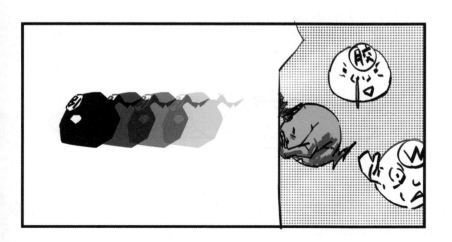

更尴尬的是，想要验证这个理论，我们需要一把能量大到离谱的锤子砸碎原子核。

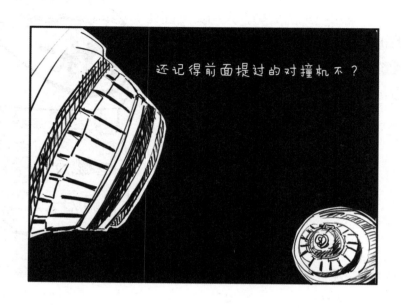

就是说，我们要造一台尺寸大到围着太阳系转一圈那么大的对接机才够用。对，就是这么夸张。

3种力统一的理论需要在极高能量状态下才有可能被验证，以至于现有的对撞机都显得太小儿科了，像玩具一样。

不过话又说回来，尽管 3 种力统一的高能实验条件目前无法实现，但科学家也不会跟那傻愣着啥也不干，高能玩不了咱整低能还不行吗？大统一理论在低能实验环境下也会做出某些预言对吧？比如说，质子衰变就是其中之一，咱去验证这事总可以吧。

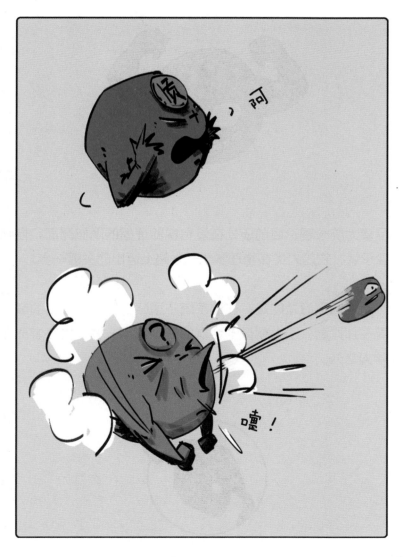

然而尴尬的是，至今为止，全世界所有质子衰变实验室里，还没人看到哪怕一粒质子赏脸打个喷嚏。

尽管大统一理论目前还处在没有实验证据的尴尬局面，但我们还是要承认，它是人类在物理学统一之路上迈出的关键一步。

然而我们更清楚的是，在这条统一道路上，人类面临的最大问题一直在那摆着，引力就像不合群的江湖剑客一样，始终游离在其他 3 种力之外。

在微观世界里，引力的效应小得可怜，因此人们选择对其视而不见，这对计算结果并不会产生什么影响；但是，对于大尺度的宏观世界来说，引力作用是如此明显，以至于人们无法再回避的时候，就必须想办法找到一种可以同时描述微观与宏观世界的物理理论，即量子引力理论。

20 世纪 70 年代，霍金对于黑洞的研究，给这个大统一的目标带来了一线曙光。

第 3 章

警告！前方黑洞出没，
小心别被吃了！

"黑洞"——广义相对论的预言之一，因理论上无法直接观测，多年来始终让人类感到神秘。2019年，人类有史以来第一次拍摄到了"黑洞照片"，最终证实了它的存在。黑洞形成于恒星的引力坍缩，是一个只许进不许出的存在，宇宙中的任何物质，一旦进入黑洞的引力范围，就再也没有逃脱的可能，就连光也不例外。

▅ 第 1 节　明明不发光，为什么这么亮？▅

我们之所以能看到某样东西，是因为它发出的光或反射的光进入了我们眼睛里。

牛顿告诉人类，万物皆有引力，质量越大，引力越大。

　　世间万物皆如此，恒星当然也不例外。试想，假如一颗恒星的质量巨大无比，以至于其引力大到连它自己发出的光都会被自身引力拉住，无法进入我们眼睛里……

　　那这颗恒星，自然就没法被我们看到了。正是这个原因，宇宙中最明亮的星星，反而很可能是我们看不见的。

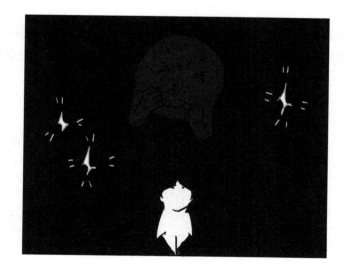

　　这种思想最早出现在 1783 年，英国剑桥大学的学监约翰·米歇尔在英国皇家学会的《哲学汇刊》上发表论文时就提出，夜空中或许有太多的恒星，就处在上面所说的这种情况当中。

　　几年之后，法国科学大咖拉普拉斯也发表了相似的看法。他把这种看不见的恒星称作"暗星"，并写进了那本名流史册的《天体力学》一书中。

暗星——

暗地里偷着亮的星星！

　　直到 1915 年，广义相对论问世，爱因斯坦用他那盖世无双的终极技能震撼了全世界之后，人们才真正意识到，那个曾经被叫作"暗星"而现代人称之为"黑洞"的东西，究竟是一种怎样的物理存在。

黑洞

警告！前方黑洞出没

"黑洞（Black Hole）"——这俩字是 20 世纪 60 年代才出现的物理名词，据说它是著名物理学家约翰·惠勒某日灵光乍现的杰作。

约翰·惠勒

要说这惠大爷，老爷子有点意思，他就像一个西方版的老顽童，功力深厚但整天没个正行。在科学界，惠大爷不光由于物理成就显赫被人们所熟知，更因他脑洞大开，且喜欢给各种物理问题和物理事件起名而闻名于江湖。

要知道，"黑洞"这俩字，在世界上大多数民族的语言里，都是可以让人充满遐想的词儿。咱惠大爷能把一个严肃的物理概念，用如此具有生活气息的字眼来命名，这或许从侧面反映了，他是一位有故事的人吧……

黑洞专家

早些年，由于缺乏观测证据，科学界关于黑洞的研究，仅限于理论上的探索，霍金就是其中的一位关键人物。

　　然而，这种只有计算没有实验的尴尬局面，被"反黑"科学家拿来使劲吐槽了几十年。这期间，天文学家也或多或少拿出过一些试图证明黑洞存在的间接证据，但始终就是没法坐实。

　　比如说，1964年天鹅座X-1射线源被怀疑是一个包含黑洞的双星系统。种种迹象表明，黑洞很有可能是真实存在的。

注意照片中的贼小一红圈！

　　不过，今天看来，这些间接证据是否可靠已然不那么重要了。当时间来到2019年，关于宇宙中是否存在黑洞的疑问终于尘埃落定。室女座，距地球约5500万光年距离，64亿倍太阳质量，在该星座中，一颗位于M87星系中心的宇宙黑珍珠的照片，成为人类科学史上第一张黑洞的素颜写真。

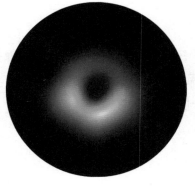

尽管从图像上看，它的样貌并不是很清晰，但就是这张模模糊糊的照片，却理所当然地成为人类认识世界过程中，一个里程碑式的象征。其朦胧背后散发出的科学之美，是无法用语言来形容的。

等会儿，不是说黑洞不发光吗？
为啥能拍照？

这事是这样的，我们给黑洞拍照，拍的其实并不是黑洞本身，而是它周围的东西。你看到照片上这些红色没有，这其实是有东西正围着黑洞打转转，是它们在发光。照片中间空出来没拍到的才是黑洞本体。

黑洞不发光！

黑洞周围的气体在黑洞引力作用下绕
其旋转，相互摩擦，发出大量辐射！

打个比方，乌瑟的皮肤黢黑黢黑的。

黑到什么份儿上呢？
到了晚上如果四周没点光亮，你真看不见他！

但是，只要他张嘴一乐，再看不清，
你也知道那站着一人，对吧？

从很早以前，人们就很好奇，宇宙中像黑洞这样神神秘秘、"鬼鬼祟祟"的天体，它们是怎么形成的呢？这可说来话长……

= 第 2 节　体重太大怎么办？ =
一颗星星的成长烦恼！

138 亿年前，无尽的黑暗中，忽然……

在一次大爆炸中，宇宙"嘎嘣"一下创生了！

在那之后，空间里到处都是
气体……

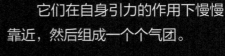

它们在自身引力的作用下慢慢
靠近，然后组成一个个气团。

随着气团不断收缩，气体原
子之间碰撞加剧，气团温度升
高。在引力持续作用下，气团不
停地收缩，憋得越来越热。

当它的中心温度达到15000000开的瞬间，核聚变反应被点燃了，那一刻，气团变身。

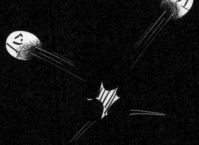

这意味着，气团内的原子在发生接触时，不再像之前那样撞飞彼此；

而是在强大能量的压力下被迫"搂"在一块，形成新的元素，同时激情四溢，挤出能量。

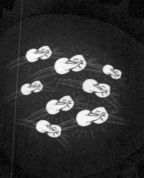

于是，恒星就这样诞生了。

把两个原子核融合到一块，挤出能量，
这其实就是氢弹的玩法。很多人弄不清原
子弹跟氢弹之间有啥区别。简单说呢，原
子弹爆炸就是使劲砸原子核，直到砸裂，
释放能量出来。

所以这叫核裂变。

　　而氢弹呢，是把本来独立的两个原子核愣是给拧成一个，然后从里边挤出能量。

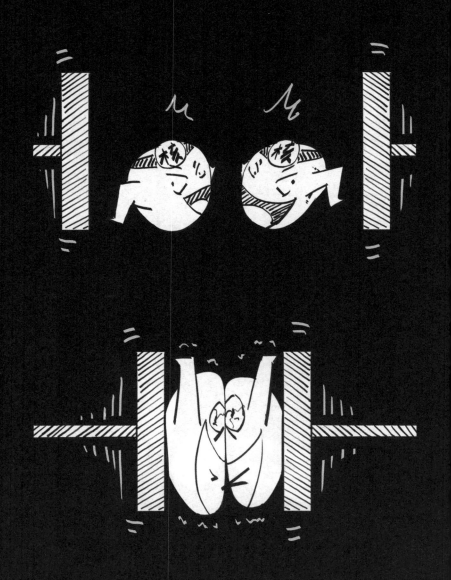

因此叫核聚变，恒星就是这么得来的。

话说，核聚变反应一启动，就会释放出大量的光和热，这使得恒星内部产生了一股向外膨胀的压力。

有了这股劲儿，恒星便开启了对抗命运的一生。因为它早就对引力的霸道感到很不爽，于是尝试通过这股向外的压力去对抗自身的引力坍缩。

刚开始的时候，向外的这股压力还不够大，干不过引力，这时候恒星就会继续向内坍缩；

但恒星越是坍缩，它里面的原子核就被拧得越厉害，挤出来的能量也就越多，这样一来，向外的压力也变得越来越大。

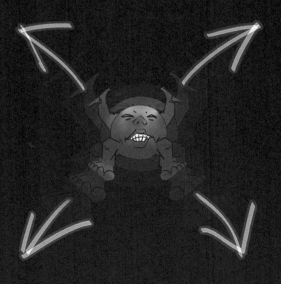

终于在某一天，向外的压力与向内的引力大小刚刚好相等。

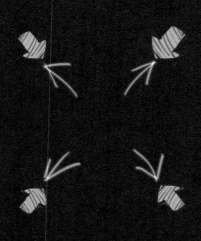

于是从那一刻开始，恒星停止了坍缩，达到了一种平衡态。此时，它进入了其生命的青春期——"主序星"阶段。

这一阶段将会持续很长一段岁月。

　　不过，并不是所有恒星都能顺利进入"青春期"的。要知道，牛顿说了，质量的多少决定了引力的大小。有些恒星由于先天缺陷，气团小，质量小，因此自身引力不大，没能给里面的原子核施加足够的压力，从而未能充分点燃核聚变反应。

　　此类恒星终其一生黯淡无光，蓬头垢面，落得一个"褐矮星"的悲剧下场。

发育不良

　　怪只怪命运不公，时运不济，谁让你生得矬呢，有什么办法……

不过呢，顺利进入"青春期"的恒星，命运也不会一帆风顺。

要知道，引力是永
恒的存在，是无尽的霸
主，只要有物质和能量，
它就一直在那。

对于恒星来说，如果出现一种力，能够去平衡自身引力，那它
就能处在一种稳定的状态。

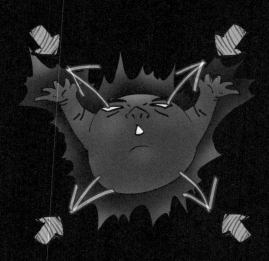

这种力一旦消失，恒星没有能力再去抵抗引力压迫的时候，它就只能无可奈何再次就范，直到另一种抵抗力的出现。

对于"青春年少"的恒星来说，核聚变反应产生的向外压力，就是第一次抵抗。

　　然而，这种抵抗并不是永恒的。聚变反应需要燃料，这个燃料就是氢元素。

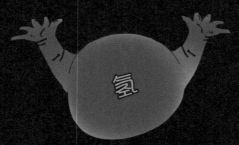

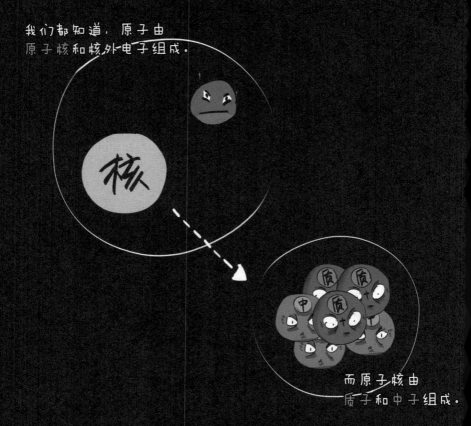

我们都知道，原子由原子核和核外电子组成。

而原子核由质子和中子组成。

原子核里只有一个质子，就是氢元素，

氢元素分 3 种：

原子核里面只有一个质子叫"氕"；

一个质子 + 一个中子叫"氘"；

一个质子 + 两个中子叫"氚"。

原子核里如果有两个质子呢，那就是氦元素，
氦元素有好多种，常见的是下面两种：

原子核里有两个质子 + 一个中子叫氦-3；

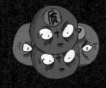

原子核里有两个质子 + 两个中子叫氦-4。

在这里，质子显然是主咖，质子数决定了元素种类，中子只能算嘉宾，主咖数量相同，嘉宾数不同的搭配，叫作同一元素的"同位素"。

恒星燃烧氢，生成氦，同时发光发热产生压力抵抗引力霸权。
如果以太阳为例，具体过程大致是这样的……

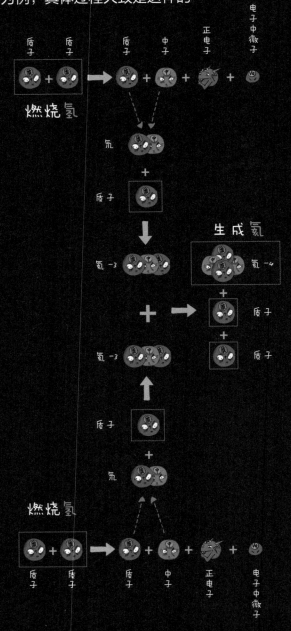

数一数图里的红框，很容易就会发现，
核心的变化是 4 个质子变成 1 个氦 -4。

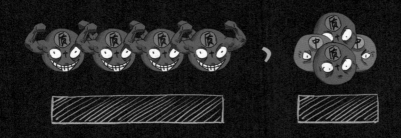

核聚变前，4 个质子的能量大于核聚变后 1 个氦 -4 的能量，
这个差值就是核聚变反应挤出来的能量，就是这股能量在抵抗引力。
当然了，真实情况比这复杂，上图只是简化的说法，不完整。

然而，岁月无情，光阴似箭，芳华总有不再的一天，当氢元素
燃烧殆尽，恒星内部只剩下一颗由氦元素组成的"结石"。

此时，聚变反应结束了，抵抗力消失，于是第二次坍缩来临了。

在引力的二次压迫下，氦"结石"向内坍缩，体积减小，密度增加，温度升高，这是恒星"胃胀气"的开始。

此时，这颗氦"结石"由于受到压迫，开始慢慢向外释放能量。恒星表面残留的最后一点点氢被点燃，并不断向外膨胀。

远远地看过去，那颗可怜的恒星被憋得满脸通红，足足一肚子气没处撒，好像随时准备爆发的样子。这时，它结束了"主序星"进程，进入"红巨星"阶段。

那么，接下来的命运又将如何呢？

　　一颗被憋坏了的红巨星，如果质量不大，那么，当外层烧尽，"结石"收缩，随着时间流逝，它最终会意识到自己的失态，随后慢慢冷静下来，变成一个又白又矬、不再燃烧的稳定存在，从此静静地待在那，慢慢变老。这就是传说中的"白矮星"。

白矮星密度很大，
能达到每立方厘米10吨！

　　尽管白矮星结束了激情燃烧，从此退隐江湖，不理尘世，然而其引力依旧，那它是如何做到置身事外，稳如泰山而不向内坍缩的呢？

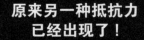

**原来另一种抵抗力
已经出现了！**

还记得泡利不相容原理吗？根据这个原理，组成物质的粒子，任何两个都不能处在相同的状态上。

以电子为例，原子中的电子，你拿出任何两个来比较，它们的物理状态都不可能完全一样。

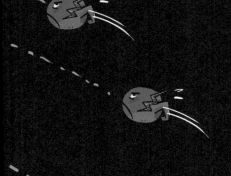

要么位置不一样；

要么速度不一样；

速度位置都一样
自旋的方向就得不一样！

　　白矮星成分以碳为主，碳原子中的那些电子，受到不相容原理的"怂恿"，不能容忍其他电子与自己处于同时同地，于是互相之间产生了一种不愉快的压力——电子简并压力。

　　正是这种同类之间发自内心的对彼此不爽，让白矮星倔强地抵抗着引力的"暴政"。

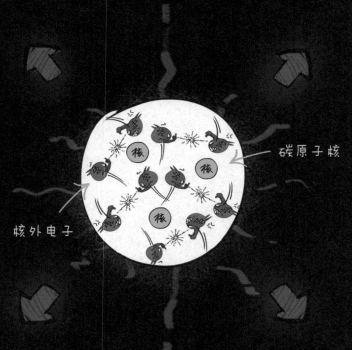

碳原子核

核外电子

尽管其抵抗引力的作风强悍，但白矮星星如其名，颜值是硬伤，个头实在小得可怜。不过这事说起来也不能怪它，谁让上帝老人家不喜欢它，故意限制了它的发育呢……

20 世纪 30 年代，地球上，一位来自印度的研究生——苏布拉马尼扬·钱德拉塞卡，揭示出了白矮星身材矮小背后的惊天秘密。

苏布拉马尼扬·钱德拉塞卡

原来，命中注定它不能茁壮成长，1.44 倍太阳质量是这个傻白矮发育的极限尺度。这个数值在多年后被人们称作钱德拉塞卡极限。

钱德拉塞卡的计算指出，电子简并压力的大小是有上限的！电子之间互相不爽的情绪到达一定程度后，就不再加剧了！

而引力却从来不曾听说有过什么限制！

当一颗恒星的质量大于 1.44 倍太阳质量时，其自身引力的巨大威力，将突破电子简并压力那苦苦支撑的防线，于是，这颗恒星将在所难免地向另一种形态演化。

超新星爆发！

恒星在自身巨大引力的作用下继续向内坍缩，最终引发一场波澜壮阔的爆炸，人们称之为——超新星爆发。这就是一颗恒星结束其燃烧时的谢幕演出，在生命的最后阶段绽放它最耀眼的光芒，一次性释放出的能量足以照亮整个星系。

那么，在这之后呢？恒星就这样消失了吗？

1932 年，英国化学家查德威克在剑桥大学的实验室里，发现了原子核内中子的存在。随即，苏联科学家列夫·达维多维奇·朗道预言，宇宙中或许存在一种星星，它们比白矮星个头还要小，密度还要高；区别于一般物质由原子组成，这个更小更重的天体，几乎整个由中子构成。

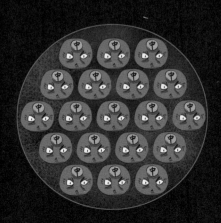

1967 年，剑桥大学的乔斯琳·贝尔·伯内尔，人称史上最有耐心的研究生，在长达 100 多米的纸质天文观测记录带上，居然捕捉到了有规律的数字信息，从而出人意料地发现了一个事实天空中居然存在着每秒疯狂旋转几百圈的"变态"天体——脉冲星。

乔斯琳·贝尔·伯内尔

它每转一圈，就要向外辐射电磁脉冲。若干年后，人们最终意识到，那就是人们期盼已久的中子星。我们现在知道，中子星其实就是恒星爆炸留下的"尸体"……

原来，当恒星质量超过1.44倍太阳质量时，电子简并压力就抵挡不住引力的"淫威"了。

谁管你电子之间闹不闹情绪，此时的引力之大已然霸道至极，目空一切，谁不服就碾压谁。

145

于是，几乎所有电子，被硬生生地碾压到原子核里面去了。

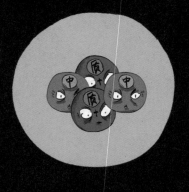

原子核本是质子和中子的天下，

但当质子邂逅走投无路的电子，"两子一见钟情"，惺惺相惜，就迅速结合形成中子。

于是，整个恒星，几乎看不到电子和质子的踪影了，从此只留下中子孤独地存在着。

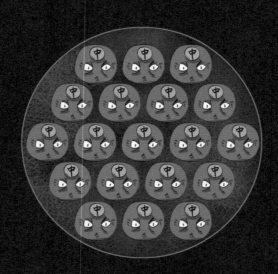

中子星密度达到恐怖的每立方厘米 10^5~10^8 吨！一勺就是一辆坦克的分量……

现在，我们又遇到了那个永恒的话题，中子星何以泰然自若，从容不迫，它拿什么抵抗引力的"骚扰"？

这其实已经不难回答了吧？没错，就是中子简并压力。

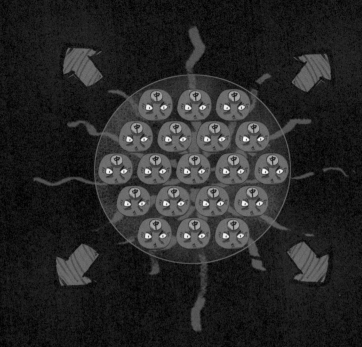

中子也是组成物质的粒子，同样无法逃脱泡利定下的那霸道的不相容原理的束缚，它们之间也会产生不愉快。

于是，一个自然而然的问题就是，中子简并压力有没有极限值呢？显然，答案是肯定的！

　　关于简并压力为何会有上限的问题，简单解释是这样的：简并压力的背后，站台的是泡利不相容原理，不相容原理规定，两个物质粒子不能同时处在相同状态上。

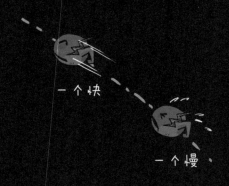

　　把问题简化点儿来描述就是说，假如两个粒子位置相同，那它俩速度就得不一样；不一样就是存在速度差。您听仔细了，我们说的可是速度，这个差值能无限大吗？不能吧⋯⋯

爱因斯坦说了，宇宙中，任何物体的运动速度不能超过光速。那么，任何两个物体之间的速度差当然也不能超过光速。也就是说，速度差既然有光速上限在那儿监管，简并压力就没法肆无忌惮。

再说得形象一点，电子被挤压得越紧密，电子活动的空间就会越小；在不相容原理的限制下，电子为了躲开彼此，运动的速度就会越快，电子简并压力就会越大。但是，最快也就是光速了，所以简并压力必然存在上限。

1939 年，年轻的美国物理学家罗伯特·奥本海默第一个计算出了中子星的发育极限，0.75 倍太阳质量。如果采用更接近实际的中子星的物态方程，这一极限一般取两倍到三倍太阳质量——这就是闻名江湖的奥本海默极限。

罗伯特·奥本海默
原子弹之父

一旦有中子星超过这个体重，引力将瞬间打败中子简并压力。

那时，可怕的事情将会降临，中子星再也无法承受自身引力，最终在重压之下，体积坍缩到 0，一瞬间消失得无影无踪。

只留下一个黑暗且神秘无比的时空深井，远远地看过去，似乎宇宙中的任何存在，一旦进入其中，都将永无重返的可能。

黑洞，这宇宙中最野蛮的存在，时空的终结者，任何不小心踏入其势力范围的倒霉蛋，都没有丝毫生还的可能，就连光，宇宙中跑得最快的东西，也不例外。

第 4 章

被黑洞吞进嘴里是什么感觉？

广义相对论的另一个预言是"引力波"。引力波是一种时空涟漪，两个黑洞彼此旋转，由于它们质量过大，就会搅动周围的时空，让时空产生涟漪。2015年，激光干涉引力波观测台（LIGO）首次成功探测到黑洞并合发出的引力波，至此，爱因斯坦预言中的最后一块拼图被找到了。

　　在黑洞面积定理被发现之后，结合热力学第二定律和量子效应，斯蒂芬·霍金最终发现了著名的"霍金辐射"，这意味着，黑洞最终也会因为慢慢"蒸发"而消失不见。

= 第 1 节　奇点藏在视界里，=
大自然也打马赛克！

黑洞，宇宙中最神秘莫测的天体，网络小说笔下神神叨叨的存在，科幻电影中各种离奇事件的背锅侠，人们为什么对它如此感兴趣呢？因为，它是爱因斯坦广义相对论的预言。

根据广义相对论的说法，引力是物质或能量压弯时空后产生的一种几何效应，质量和能量越大，时空弯曲得越厉害，引力也就越大。

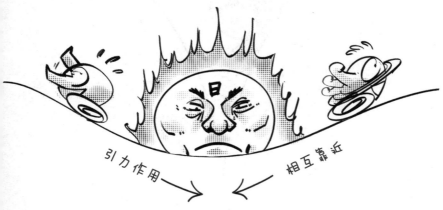

引力作用 → ← 相互靠近

如果宇宙中存在某种东西，它的质量大得惊人，以至于时空都承受不住其体重，被它压出一个深不见底的大坑。

这个时候，坑里的引力大到不要不要的，就连光——宇宙中跑得最快的东西，都无法挣脱引力束缚飞向远方时……

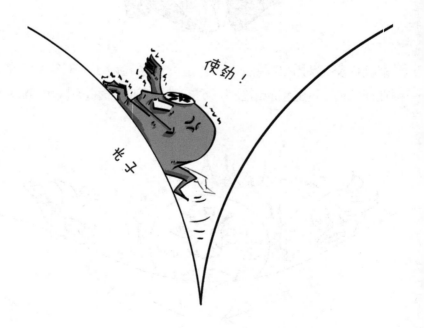

这个时空的深井，我们就叫它——黑洞。

黑洞自诞生那天开始，便开启了它的天赋技能——"引力之饥"，它就像一个宇宙版本的貔貅一样，光吃不拉，只进不出，瞅见啥都想往嘴里放。

所以说，星际旅行时您得留神，倘若沿途遭遇黑洞，切记，千万别因为好奇凑太近，躲远点没毛病。你甭管谁，一旦进入它的取餐半径，跑再快也没用了。

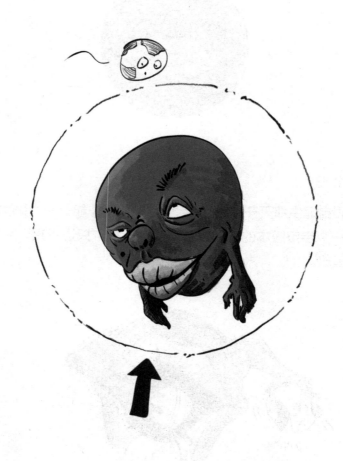

这个圈就是黑洞的取餐半径，它叫事件视界，也被称为时空中不可逃逸区域的边界。它的字面意思就已经很清楚了——进去了你就别想出来。

　　在这个边界上，有一圈光，它们既没有被黑洞吞没，又无法摆脱它的引力束缚，只能在那里无休无止地打转转，从始至终。

　　请注意，黑洞是个球，所以事件视界其实应该是个球面，这里的光圈只是一种便于理解的近似表达。

161

别看黑洞外表凶悍，其实它心眼小得很，它肚子里揣着一个密度和曲率无限大的奇点。

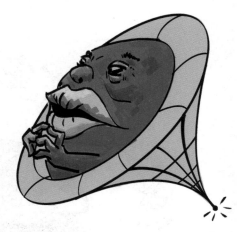

奇点

还记得前面提到过的霍金吗？他证明的奇点定理，说的就是这个东西；它是时间的终点，是时空中一个解不开的死疙瘩。任何不幸掉进黑洞的人，最终都会一头栽到奇点上去，从此灰飞烟灭，尸骨无存。

奇点

在这一点上，人类已知的所有物理定律都失去了预言能力。奇点之上将会发生什么，没人知道。

失去预言能力，这听上去让科学家感到无比恐慌。因为解释现象和预测未来是物理学存在的意义。不过，就目前的情况来说，事情并没有糟糕到让人极度恐惧的地步，处于黑洞外面的人，其实并不会跟奇点产生任何瓜葛。

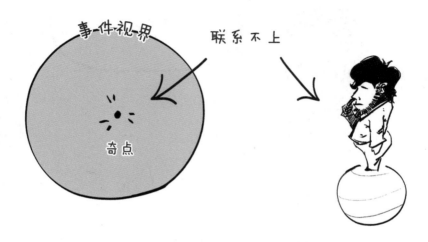

想想看，没有东西能从黑洞里跑出来对吧，所以，只要我们不主动冒傻气往里钻，老老实实做个吃瓜群众，那么，奇点事实上就跟我们建立不了任何物理上的因果关系。

既然如此，物理定律在那一点上崩不崩溃，其实对我们没啥影响，睁一只眼闭一只眼就得了呗。

　　罗杰·彭罗斯，1970 年与霍金一起证明了奇点定理的那个人，算是霍金的半个老师。他曾经提出过这样一种猜想：

或许上帝他老人家，不喜欢看见裸奇点吧。

罗杰·彭罗斯

拿走！辣眼睛！

在奇点的问题上，彭罗斯的意思是奇点的的确确存在于我们的宇宙之中，但它的出现实在难登大雅之堂。所以，对于恒星坍缩产生的奇点，上帝都会统一进行模糊处理，这个大自然版的马赛克，就是黑洞的事件视界。

老人家的意思很明显，想看么？可以。不过你别后悔，因为看进眼里拔不出来，非看不可那你就进到黑洞里面去看吧。

奇点

目睹裸奇点，代价就是再也回不来了。

……   进去吧！

一旦假设了大自然存在这样一种限制，人类便绕开了失去预言能力的尴尬。就这样，彭罗斯给全人类找了一个台阶下，美其名曰——

宇宙监督假设！

　　只不过，无法否认的是，我们这么干，事实上已经彻底放弃了那些当真掉进黑洞里的倒霉蛋。

回见了您呐！

　　对于进入事件视界的人来说，奇点一丝不挂地展现在他们面前，那么在奇点处物理定律崩溃，对这些进去的人来说，依然是一个现实的问题。

事件视界

然而，科学家中不乏胸怀大爱者，为了拯救这些失足的少数派，他们脑洞大开想出了比彭罗斯更加激进的借口：

对于任何人来说，奇点可以
出现在你的过去，

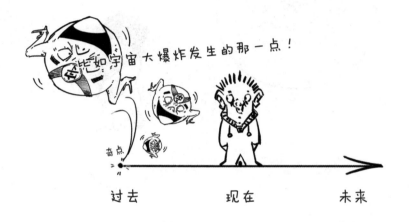

也可以出现在你的将来，

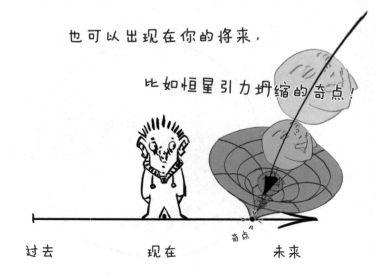

但就是不会出现在此时此刻。

过去　　　　·　现在　　　　　　未来

宇宙中，不可能突然冒出个奇点，它就出现在你旁边，被你直勾勾地瞅着，而你却置身事外，安然无恙。

休想！

换句话说，
即便进入黑洞之中，

在最终撞到奇点之前，
是没有人可以看到它的。
这就是宇宙监督假设的增强版本。

这样一来，就算掉进黑洞里，我们也不用为奇点处的物理学着急上火了。

霍金对此深信不疑，他为此曾跟好友索恩打赌，宣称宇宙里没有裸奇点存在。

输了裸奔！

而在随后的研究中，科学家通过理论计算，用数学方法，得出了一些可以证明裸奇点存在的结果；因此霍金只好认赌服输，并按照赌约送给了对方一件 T 恤，象征着遮蔽裸体的意思。

尽管输了赌局，霍金却同时指出，这些理论上预言的裸奇点它们的状态其实相当不稳定，但凡有点细小干扰、风吹草动啥的，都会让它们消失或者被迫打上马赛克。

　　因此，裸奇点事实上并不能存在于现实当中。这种口头认输又喋喋不休的做法，一看就是典型的口服心不服。

＝第 2 节　想要活命，光子只有一个办法！＝

无疑，广义相对论是伟大的理论！它曾经预言的那些事，随着人类实验方法的不断进步，一桩桩一件件地被证实。但唯独有一件事，这么多年过去了，人们却仍没有得出过明确的结论。爱因斯坦认为，时空不仅仅会被压弯，还有可能被压得乱颤。

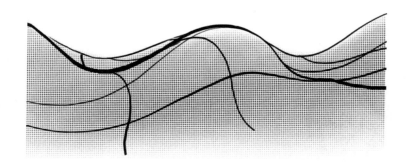

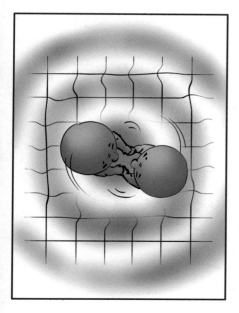

如果哪天，宇宙中两个黑洞狭路相逢，相互周旋时，它们彼此打转转的过程就会把周围的时空搅得此起彼伏。

这种时空的抖动会以光速向外传播，爱因斯坦将其命名为——引力波。

理论上，如果地球所在的时空碰巧有引力波经过，那么，你和我都会心惊肉跳成这个样子：

当然了，上面这段话已然是过去时了。

2015 年，位于美国华盛顿州和路易斯安那州的激光干涉引力波观测台（LIGO）探测器，首次成功探测到了来自 14 亿年前，两个黑洞并合时发出的引力波信号。至此，爱因斯坦预言中缺少的最后一块拼图被找到了。

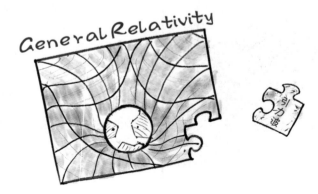

我们现在知道了，个头大的那些恒星，在其生命走向终点时，会坍缩形成黑洞。

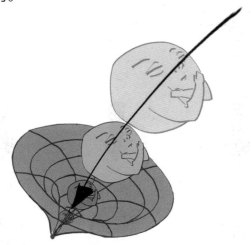

如果这些最终形成黑洞的恒星种类五花八门，长相天差地别，那是不是说它们形成黑洞以后，黑洞的造型也会有所不同呢？

比如说，如果恒星长相不是一个完美的球形，那它形成的黑洞也应该是歪歪扭扭的才对吧。

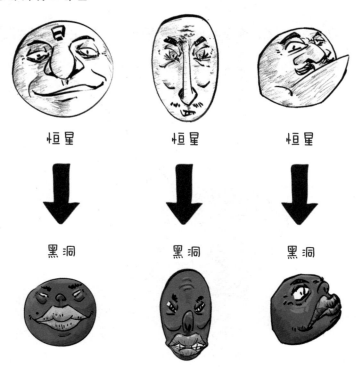

起初科学家都是这么认为的。不过，随着研究的深入，人们逐渐意识到，在黑洞形成的过程中，引力波起到了产品标准化的关键作用。

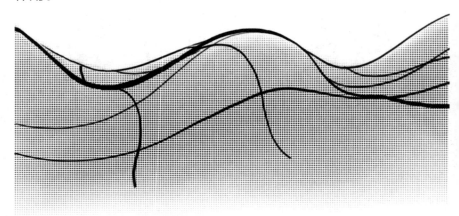

即使恒星不是球体，

但随着坍缩过程引起时空抖动，
恒星也将逐渐损失能量，

引力波将这些能量撒向远方，
在这个过程中，

恒星周围的时空
就会被打磨成一个完美的球形。

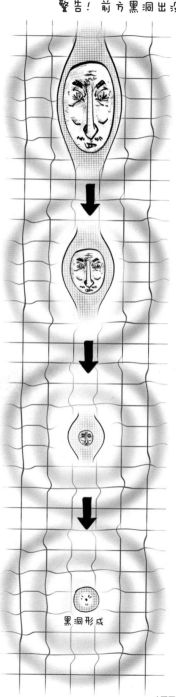

黑洞形成

177

我们打一个形象一点的比方，这个过程就有点像滚元宵。

因为元宵是手工制作的，
所以刚包出来时外形参差不齐是一定的。

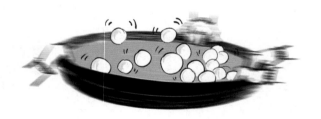

不过没关系，
因为后面还有一个"滚"的流程呢；

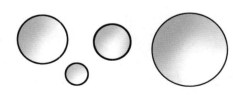

一顿辘轳以后，
之前不圆的元宵最后也都变圆了。

　　同样的逻辑，无论形成黑洞的恒星爸爸长相多么奇葩，甚至惨不忍睹都没关系，经过引力波的蹂躏之后，最终形成的黑洞都是相当标准的完美球球。

　　于是，人们这才发现，宇宙中所有的黑洞，几乎都长成了一个熊样，貌似看不出有什么不同。它们之间所有的区别仅限于以下 3 点。

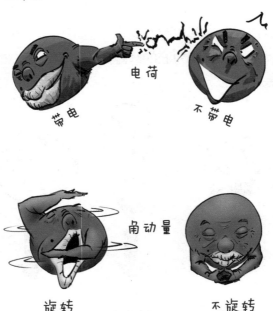

这种情况，用一句制造业的行话来说就是，产品缺乏差异化，任何黑洞都显得没有个性。

这事后来又被物理届那位既好事又率真的惠勒大爷抓住了机会进行炒作。惠大爷再一次展现出了他语出惊人的过人才华，他给这个现象起了一个容易引发遐想的名称，叫——

黑洞无毛！

"黑洞"俩字本来就够可以了对吧，
"无毛"？大爷你这嘴可真是没有把门的啊！
不过他说的"毛"是信息的意思，
"无毛"的意思就是黑洞与黑洞之间看上去没啥区别的样子。

　　需要补充的一点是，带有角动量的黑洞，外形其实并不是一个标准的球形；常年原地转圈让它的身体微微发福，其腰围的大小取决于自己的旋转速度。

前面说过，黑洞之所以叫黑洞，是因为它像一只宇宙版貔貅，光吃不拉。

因此，随着时间流逝，它只会越吃越胖，质量越来越大，引力也就越来越大。

我们回忆一下，这个圈叫啥来着？事件视界对吧，它是黑洞的边界。这里有一圈光，它们是恰好没有被黑洞引力吞没，但又悲剧得没能逃走的光子，一辈子都在这儿打转转。

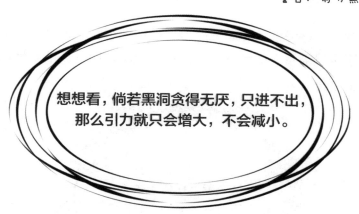

想想看，倘若黑洞贪得无厌，只进不出，那么引力就只会增大，不会减小。

黑洞引力增大，必然会伴随着取餐半径往外扩张，这就威胁到这个圈圈上光子的生命了。

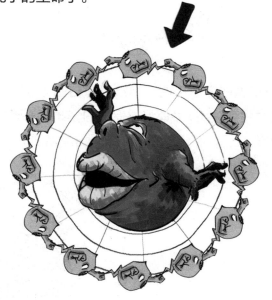

现在问你一下，事件视界是啥来着？是光恰好没跑了也没被吞没的地方，对不对？

再读一遍这句话，琢磨琢磨这是什么意思，"事件视界是光恰好没跑了也没被吞没的地方"，这意思是不是说，无论事件视界大也好，小也罢，

那么，对于这些光子来说，尽管没有自由可言，一生受制，悲惨不堪，但面对生死关头，命还是得保住的，毕竟好死不如赖活着嘛。苟延残喘的关键在于，怎样才能不被黑洞日渐增强的引力捉住呢？

这事其实一点都不难想象，如果引力不变，光子间的距离也不变就好了。

然而，一旦引力变大，光子如果不想被吞进黑洞里，那唯一的出路就是散开！

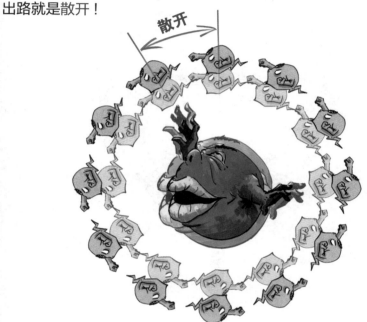

把刚说的事捋一下看看。

1. 光子必须恰好被卡在这个圈上。

注意："卡光"是由边界的定义决定的，如果有一个圈圈，圈上的光子没法一直卡在那里，那么这个圈圈就不叫"黑洞边界"，叫"边界"就必须永久卡住光子。

2. 光子要想留在圈上
不被吞没，就只能散开。

有了 1 和 2，咱能推出啥？
很显然吧！

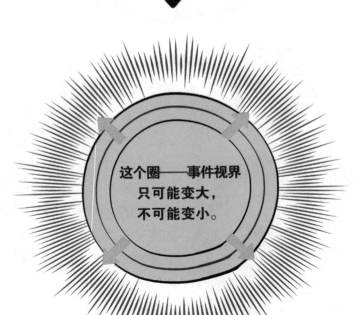

这个圈——事件视界
只可能变大，
不可能变小。

警告！前方黑洞出没

1970 年末的一天，霍金在上炕钻被窝准备睡觉的时候，忽然大脑过电，灵感上头，嘎嘣一下想通了这件事。

第二天，霍金用数学方法证明：

黑洞只要一吃东西，　　　　　**或者两个黑洞黑吃黑，**

那么其表面积只会增大，不会减小。
——于是，黑洞面积定理问世。

第 3 节　宇宙"黑魔法"，让一切都变得更混乱吧！

黑洞表面积只增不减，这个说法在物理学家看来其实够奇葩的。对于物理定律，我们经常听到的是这个量守恒，那个量不变，而像这种什么什么东西只会增加，不会减少的"怪胎"，自物理学诞生以来，好像只出过那么一例，那就是

热力学第二定律！

关于热力学第二定律的表述，科学史上出现过 N 多个不同版本，它们大都听上去让人望而生畏。为了便于理解，我们拿其中一个最简单的版本解释一下。

不论谁，不论什么，
只要是一个孤立系统，
它的熵只会增加，不会减少。

这就是物理学中最霸道、最不容置疑的：

熵增加原理！

有个字，不认识……

……

"熵"这个字读 shāng，它是一个描述系统混乱程度的物理量。

举个例子来说，这有两个房间：

一个整齐得不要不要的！
（这个房间熵低）

一个乱得一塌糊涂！
（这个房间熵高）

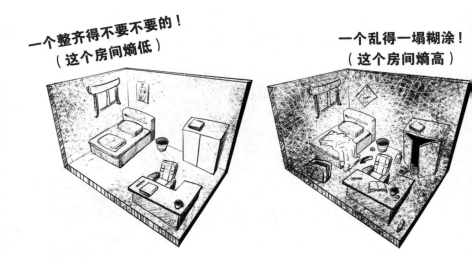

在这里，熵增加原理的意思是说，
只要你犯懒不收拾，

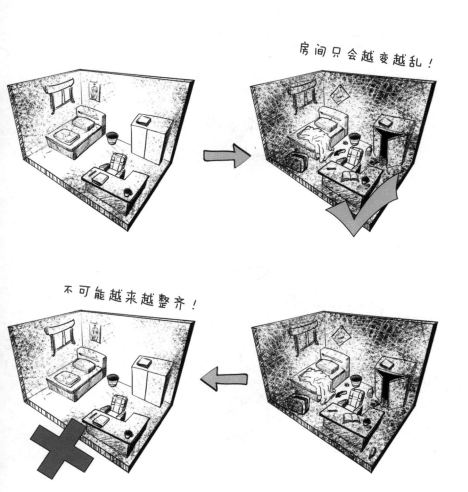

房间只会越变越乱！

不可能越来越整齐！

这种例子随处可见，比如说：

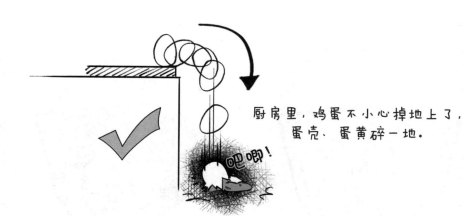

厨房里，鸡蛋不小心掉地上了，蛋壳、蛋黄碎一地。

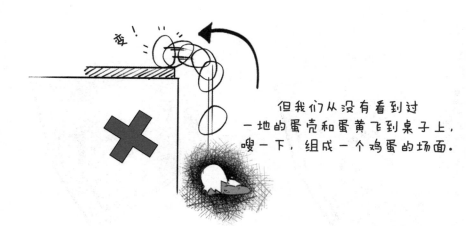

但我们从没有看到过一地的蛋壳和蛋黄飞到桌子上，嗖一下，组成一个鸡蛋的场面。

再比如说：

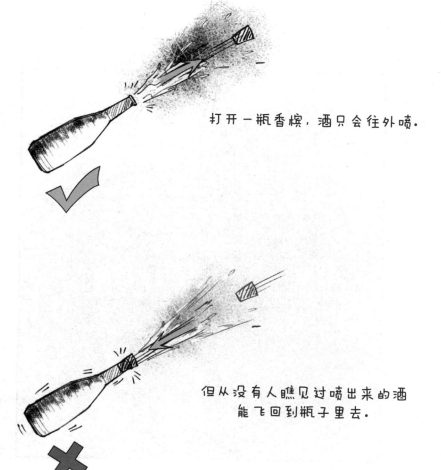

打开一瓶香槟，酒只会往外喷。

但从没有人瞧见过喷出来的酒
能飞回到瓶子里去。

事实上，热力学第二定律想要告诉我们的是，"混乱"是一种趋势，系统的熵始终在增加，宇宙总是从"有序"走向"混乱"！

　　好，前有黑洞只进不出，后有熵值只增不减。那如果我们把刚刚掉在地上那个鸡蛋扔进黑洞里去，鸡蛋的熵会消失吗？这个世界的总熵会减少吗？

不会啊，这不明摆着嘛，
鸡蛋的熵只不过进到黑洞里面去了啊！

黑洞里面你看得见？

看不见！

……

看不见你在这儿
瞎说个什么劲儿？

想想看，这个问题其实挺尴尬的，你说黑洞里有熵，可里面咱又看不见，那我凭啥信你呢？有没有谁能拿出可以看见的证据让大伙瞅瞅？

瞅啥瞅？

鸡蛋还在吗？

别说，还真有人这么干了，他就是以色列物理学家雅各布·贝肯斯坦。

雅各布·贝肯斯坦

贝肯斯坦说了，黑洞里面的事，咱肯定看不见，不用想了，不过看不见里面，咱可以看外边啊。

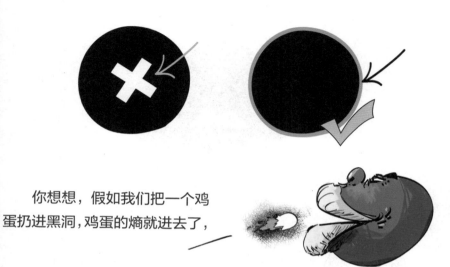

你想想，假如我们把一个鸡蛋扔进黑洞，鸡蛋的熵就进去了，

于是黑洞的熵增大；

而只要有东西掉进黑洞，根据霍金证明的表面积定理，黑洞的质量增加，表面积也就跟着增大，对吧？

197

把这两件事搁在一块琢磨一下看看？反应过来没有？

黑洞的表面积，

其实就是熵啊！

贝肯斯坦这个逻辑听上去貌似合理，可仔细想想好像又有点禁不住琢磨。

熵这东西吧，在物理学里属于热力学片区管辖，而跟它处在同一片区的另一个物理量——

温度！

多年来一直是熵的好朋友，它们总是亲密无间，形影不离。

也就是说，有熵的地方，必然就有温度。

然而，热力学和电磁学的知识告诉我们一件事，一个物体如果有温度，那它就一定会向外辐射电磁波。

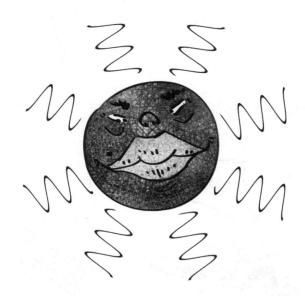

于是，这件事倒来倒去，最终的结论变成了：黑洞如果有熵，就肯定会放出电磁波，这个结论听上去就有点太不像话了！

要知道，黑洞之所以叫黑洞，不就是因为它光吃不拉，只进不出吗？

说多少遍了，没有东西能从黑洞里跑出来！

你现在跟我这儿扯什么黑洞辐射的段子，小贝兄弟你是专门来逗闷子的吗？！

霍金承认，他让贝肯斯坦黑洞熵的说法气得胸口疼，理由是小贝同学歪曲了自己的黑洞面积定理，不懂装懂跟那一顿胡诌。于是，1972 年，他与另外两位物理学家合作发表论文，吐槽贝肯斯坦的黑洞熵只不过是一种哗众取宠的做法。这不，黑洞辐射就是他闹出来的笑话，你瞅瞅丢不丢人！

然而，科学故事有时就像小说里写的那样，情节的发展在忽然之间峰回路转，绝处逢生。就在上述论文发表后的次年，霍金访问莫斯科，跟两位苏联物理学家唠嗑，在他们的启发下，霍金最终想通了，如果我们把量子力学中的不确定性原理也纳入思考范围，那么，黑洞辐射的说法，

还真不是逗你玩儿！

＝第４节　黑洞上吐下泻？还是霍金辐射？＝

前面已经讲过，100 多年前，海森伯发现了微观世界的运行法则——不确定性原理。这个原理的核心思想表达了这样一种观点：在大自然中，有一些成对儿的物理量，它们任何时刻都无法同时存在确定的值，比如说一个物体的位置和速度。

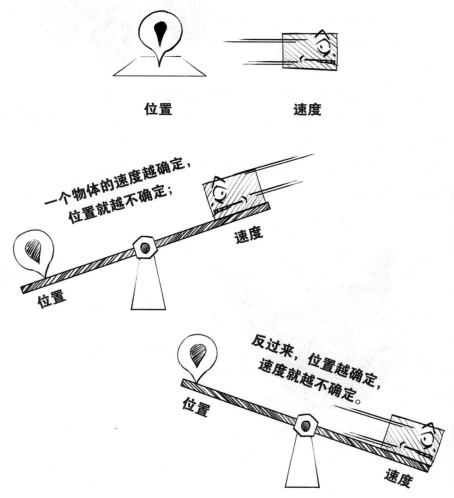

位置　　　　　速度

一个物体的速度越确定，
位置就越不确定；

速度

位置

反过来，位置越确定，
速度就越不确定。

位置

速度

上中学的时候我们就知道，空间中遍布着很多种"场"，比如引力场、电磁场，这场那场，啥啥一大堆。

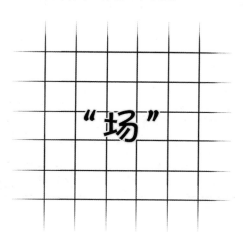

这些场的场值和场值变化率两个物理量，它们之间的关系就像一个物体的位置和速度一样，不能被同时确定。

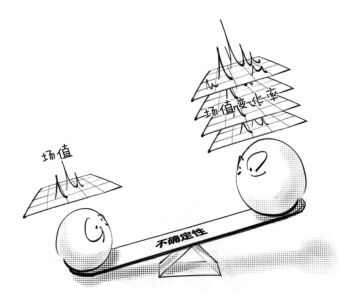

你想想，一个物体的速度是啥呢？它不就是"位置的变化率"吗，对不对？

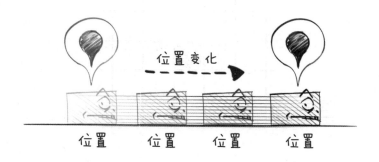

在相同时间内，
速度快的物体，位置变得更厉害。

场值和场值变化率就是这种关系，它们不可能同时确定。这就意味着一个极为关键的事实：场值决不能等于 0。

想想看，场值一旦为 0，场就消失了，

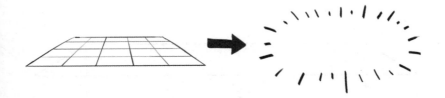

消失了还谈什么变化呢？
于是场值变化率自然也就为 0 了。

如此一来，这个场就同时具有了确定的场值和场值变化率，这显然违背了不确定性原理的告诫，上帝他老人家必须不能答应。因此，场值必然存在最小的量子起伏。

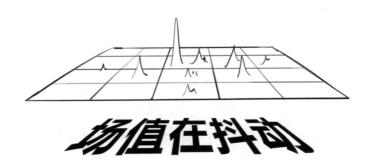

场值在抖动

这种量子起伏的具体表现就叫"真空不空"，也就是说，看似空无一物的真空中，事实上每时每刻，都有一大群的虚粒子"吃完饭跑出来跳广场舞"。

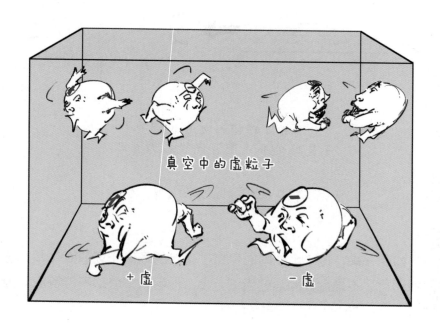

这些虚粒子总是成对儿出现，能量一正一负。

由于正负能量接触会相互抵消，因此，正虚粒子和负虚粒子刚一出生，什么都还没来得及发生，仅仅第一次亲密接触，便又灰飞烟灭了。

虚粒子对儿来也匆匆，去也匆匆，从出现到消失，存在的时间实在太短太短。

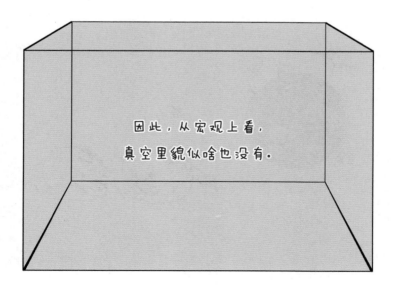

因此，从宏观上看，
真空里貌似啥也没有。

不过呢，有一小波虚虚，脑袋有包，智商欠费，跳广场舞不知道挑地，居然跑到黑洞嘴边抢地盘……

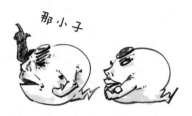

　　大哥，广场舞哪儿不能跳，装大咱悠着点行不行？那可是宇宙城管黑洞！吃你就跟玩一样，一口十个不蘸醋！

就这样，负虚粒子装大了，被黑洞当场活吞，正虚粒子一看吓尿了，男朋友被带走，自己放飞不了啊，赶紧跑路吧！

跑啊！

于是，无数正虚粒子从黑洞嘴边跑路的场面，从远处看，就像是黑洞在不停地往外吐着什么东西。

你也有今天！

黑洞被误认为"上吐下泻"的怂样，就是著名的"霍金辐射"！

210

当然了，这只不过是一种过于简单并且被使劲形象化了的比喻而已，目的是让一个烦琐的物理过程听上去不是那么枯燥乏味，让人容易理解。毕竟严谨的表述需要用到极为复杂的数学公式，这对于我们普通人而言，学习起来实在有点力不从心。

考虑到可能还有同学听得不过瘾，武子在这儿再多唠两句，就正负虚粒子对儿的问题，我们还可以这样打比方。

有一对儿情侣

一个怕黑！　　　　一个怕光！

黑洞就是黑暗所在，黑洞外就是光明的世界。

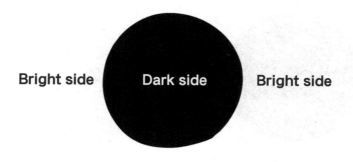

如果两人同时在外面，其中一个注定被带走：

可彼此爱到刻骨铭心处，
说好了天荒地老、海枯石烂不分手，于是两人选择湮灭。

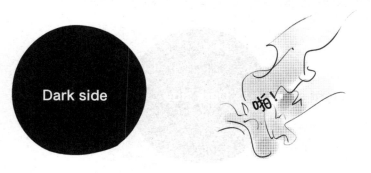

假如两人同时在里面也一样，
一人不爽，两人湮灭．

真是一对儿苦命的鸳鸯，
堪称微观版《暮光之城》。

这些湮灭的粒子对儿，之所以被称作"虚粒子"，就是因为它们存活于这个世界的时间太过短暂，人们无法直接探测到它们。

但是，有一种情况，
能够让它们长时间存活下来，没错！

负虚粒子进去　　　　正虚粒子出来

俩人各奔东西，分别进入适合自己生存的世界，
从此人鬼殊途，阴阳相隔。
分离代替了殉情，挥泪诀别代替了夫妻双双把家还。
因此二人便活了下来。

如此一来，它们的存在便可以被人类所感知，于是，生活从此不再"虚幻"，变得"真实"起来。"虚粒子"摇身一变成了"实粒子"。

由于宇宙中一个最基本的物理法则——动量守恒定律的存在，这对儿情侣，一个往里钻，一个就得往外跑。

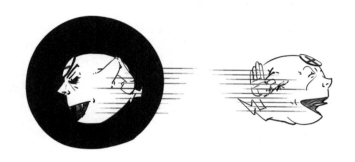

动量守恒很好理解，比如开枪时，子弹出膛向前，同时伴随着后坐力。

向前

Beng.

向后

就这样，一拍两散的粒子对儿越来越多，往外跑的那些粒子形成了一道风景，那就是霍金辐射了。

1973 年 11 月，霍金在英国牛津的一次非正式讨论会上提出了这个划时代的伟大想法。由于黑洞辐射这样一幅图景实在过于离经叛道，很多科学家对此表示强烈反对。然而，随着理论慢慢被人们所了解，越来越多的物理学家用各种不同的方法，得出了与霍金相同的计算结果。没过多久，霍金辐射便惊艳了整个世界。

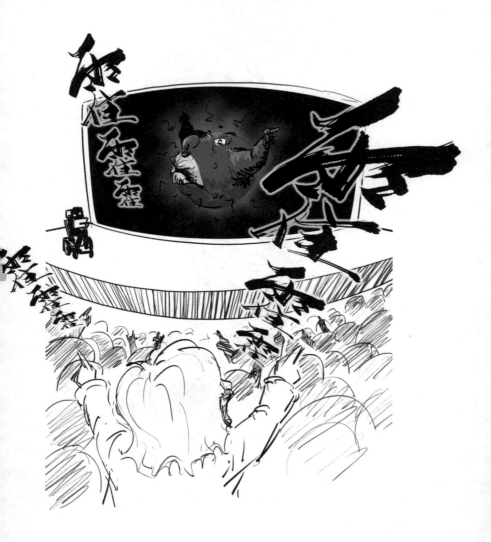

　　如果说奇点定理的提出让霍金跻身世界一流物理学家的行列，那么霍金辐射的发现便从此奠定了他一生的江湖地位。

　　无疑，这是 20 世纪最伟大的物理发现之一，尽管目前尚未得到天文观测的证据，这让霍金本人无缘进入科学荣誉的最高殿堂——诺贝尔奖，但其理论成就，已得到了全世界的广泛认可。

　　2018 年 3 月 14 日，霍金与世长辞，他的骨灰被英国政府安葬于英国伦敦的威斯敏斯特大教堂，以表示对这位伟大物理学家的敬仰与怀念。

要知道,死后被安葬在那里的科学家,都是科学史上的传奇英雄,他们是

艾萨克·牛顿
Isaac Newton

詹姆斯·克拉克·麦克斯韦
James Clerk Maxwell

查尔斯·罗伯特·达尔文
Charles Robert Darwin

迈克尔·法拉第
Michael Faraday

......

每一个名字都出现在全世界的教科书上。

霍金辐射的发现为物理学带来了一种全新的思考，引力坍缩或许并不像人们曾经想象的那样，代表了宇宙里所有事物的终极命运，掉进黑洞的人并非一去不复返了。

而是最终通过霍金辐射的形式，将其质量和能量进行了"再循环"。

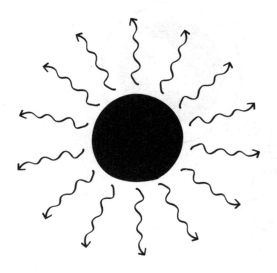

只不过，这样的一种"永垂不朽"一点都不值得期待，掉进黑洞里的那个人，如果最终变成粒子被辐射出来了，那还真有点不太好认出来呢……

哪个是你？

　　随着黑洞不断辐射出能量，它的质量会慢慢变小，那么黑洞最终会消失吗？这个问题目前还不清楚，人们猜测会消失是最有可能的结果。

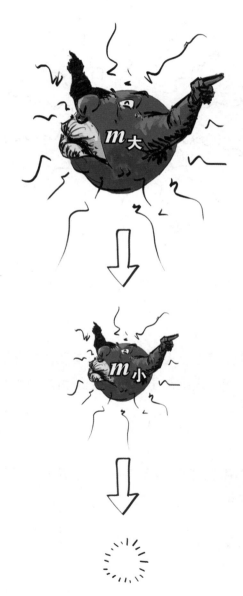

　　如果是这样，那辐射就带走了那个让人类所有已知的物理定律都丧失预言能力的闹心奇点。

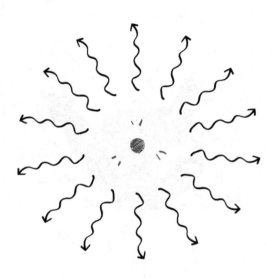

如果黑洞消失，奇点当然消失！

　　于是，在这件事上，人们似乎看出来了，广义相对论与量子力学的结合是可行的，人类终于在寻找量子引力的道路上，迈出了通往成功的一小步。

　　随着研究的深入，自1975年开始，霍金关于量子引力的探索，找到了全新的方向。